JN046878

一歩進んだ物理の理解

物理の理解

3

原子・相対性理論

真貝 寿明・林 正人・鳥居 隆
著

朝倉書店

前書き・コンセプト

　本シリーズは，身の回りに見られる現象を，物理法則を使ってどこまでモデル化して理解できるか，という事例を問題形式で提供する．前提とする知識は高校で習う物理である．読者層としては，意欲ある高校生・高専生から大学理系初年度生，そして数理的思考を学び楽しむ社会人の方を想定している．

　高校で習う物理，大学入試で問われる物理の問題は，力学，熱力学，電磁気学などの分野に分かれていて，設定された文字を使って解答を導く力が試される．しかし，本当の物理学は，そのようにお膳立てされたものではなく，「この自然現象はどう説明できるのだろうか」という問いかけから深められていくものだ．必要となる量に自分で文字を置き，シンプルなモデルに帰着させたり，簡単な仮定をして立式し，解いてみたりする．そして実際の値を当てはめてみて，妥当かどうか判断する．このようにして物理学は発展してきたし，私たちの身の回りの現象でも物理学は威力を発揮する．そして，自然のしくみを少数の法則で理解できたとき，私たちは物理を学ぶ楽しさを実感できる．本書では，このような視点に立って，高校物理（$+\alpha$）の範囲の法則や計算で，現象のモデル化を中心に，いくつかの題材を選んでいる．

　本シリーズで取り上げたトピックの半分ほどは，実は大学の入試問題として取り上げた問題である．私たち著者3人は，同じ大学に所属していて（キャンパスは分かれているが），毎年，ストーリー性のある入試問題を作ってきた．単に公式を当てはめて答える問題ではなく，物理はここまでわかるから面白いよ，というメッセージを受験生に向けて発信してきたつもりである．本書の執筆にあたり，読み物としても楽しめるような形に再構成したが，問題形式は残してある．意欲ある読者は，解きながら，次第に明らかになる自然の姿の解明を楽しめるだろうし，その先の発展へも進めるだろう．問題の解説は，どうやって解くかではなく，解けたらどうなるのか，という点に重点を置いている．その点で，本書は入試問題の解説書ではない．

　最近は，高校と大学の連携も注目され，高校生が大学の研究室を訪ねて研究を手がける機会も増えてきた．高校の物理から大学の物理へは，数学的なギャップもあり，高大連携はそれほど容易なものではない．だが，本書で取り上げたような問題設定から，物理で世界を語るという数理的な体験は，理系的思考への入門として役に立つと思われる．大学での物理学は運動方程式を微分方程式ととらえて解き進める形で展開するが，本書ではあくまでも高校生の知識で解き進められるようにしている．

　本シリーズの構成は以下のようである．章立ては，高校物理の教科書にある分野名にならっているが，分野をまたがったり，初見では難しめの問題は発展問題として独立な章に

した.

　本シリーズの最後には大学で習う「相対性理論」の章も用意した．物理学は，19 世紀末までに完成した「古典物理学」と，20 世紀に入ってからの「現代物理学」とに大きく二分される．後者は「量子論」と「相対性理論」が中心となる．高校物理で習うのは「原子」という題目で量子論の入り口までだが，相対性理論の展開を知ることも悪くないはずだ．ブラックホールや宇宙を題材にした問題も作成したので楽しんでほしい．

　各章のはじめには分野ごとの簡単なまとめを（単なる公式集ではなく）解説として配した．ひととおり高校物理を知っている読者にその分野を概観してもらうことを想定している．また，第 3 巻の「量子論」と「相対性理論」は，やや詳しめに紹介している．

　必要となる数学については第 1 巻，第 2 巻の付録 A, B にまとめた．ベクトルの外積や微分方程式の初等的な解法など，高校生でも知っていて損のない内容である．また，第 3 巻の付録 C には，シミュレーションに興味をもった読者への基礎的な説明とサンプルコード（C, Fortran, Python）を用意した．歴史的な裏話や発展的な解説などはコラムにした．息抜きに Coffee Break 欄も用意した．いずれも，進んだ内容を探す高校教諭にも役立つことと思う．

　本シリーズでは，時として高校の学習指導要領を超える話を展開するが，難易度マークをつけたので，参考にしてほしい．

　　★☆☆　　高校の教科書の内容程度の問題，解説
　　★★☆　　大学入試か大学初年度レベルの問題，解説
　　★★★　　大学初年度レベル以上の問題，解説

　問題中の数値計算は，電卓を用いることが推奨されるものもある．物理を学問として味わうことを楽しんでもらうのもよいし，数理的アプローチに酔ってみるのもよいだろう．本シリーズはどこから読み始めても構わない．知的好奇心をかき立ててもらえれば幸いである．

　　2023 年 活気を取り戻したキャンパスにて

　　　　　　　　　　　　　　　　　　　　真貝寿明・林　正人・鳥居　隆

目　　次

コラム

Coffee Break

第 6 章

原子・原子核を中心とした問題

ボーア

6.0 原子・原子核分野の基本

　本章は前期量子論といわれる内容で，原子の構造・電子軌道の量子性・光の粒子性と波動性などを取り上げる．量子論と相対性理論（次章）は，20 世紀に確立した物理学の内容であり，それまでの近代物理学と区別して**現代物理学**と称される．

■ プランクのエネルギー量子仮説　　　　　　　　　　　　　　　　　　　　★☆☆

　19 世紀末，鉄鋼業が盛んになると，数千度という高温を測定する必要が生じ，光の色（波長）と放射エネルギーの理解が進んだ．測定されたデータは，図 6.0.1 のようであった．

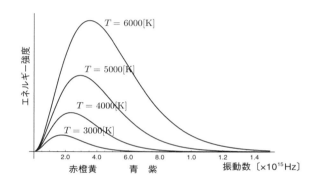

図 **6.0.1**　温度によって強く放射される光の振動数（色）が異なることを示す黒体放射の分布のグラフ．横軸は振動数で右へ行くほど振動数が大きく（短波長，紫から紫外線），左へ行くほど振動数が小さい（長波長，赤から赤外線）．温度が高いと全体的に強度は大きくなり，ピークは右側に移動する．

　シュテファンは，1879 年，熱せられた物体から出てくる光の単位時間・単位面積当たりのエネルギー I〔W/m^2〕が，温度 T〔K〕の 4 乗に比例することを実験から見出した．1884 年には弟子のボルツマンが熱力学を駆使してこの結果に理論的な証明を与え，今日，シュテファン・ボルツマンの法則と呼ばれる次の式が確立された．

$$I = \sigma T^4, \quad \sigma = 5.67034 \times 10^{-8}\,\mathrm{W/(m^2 \cdot K^4)} \tag{6.0.1}$$

σ の値は実験によって決められた．地球の位置で太陽から放射されるエネルギーを測定して I の値を決定し，式 (6.0.1) を用いて太陽の表面温度を計算で求めることができる ▶6.1 節．

　ヴィーンは，各温度 T〔K〕で最も強いエネルギーを与える光の波長 $\lambda_{\max}$〔m〕が

$$\lambda_{\max} T = b, \quad b = 2.898 \times 10^{-3}\,\mathrm{K \cdot m} \tag{6.0.2}$$

をみたすことを 1893 年に発見した（ヴィーンの変位則）．この式は「高温になるほど色が赤から青へ変化する（温度が 2 倍になれば波長が半分になる）」ことを意味する．星の色と

表面温度はこの変位則で関係づくので，例えば，太陽は表面温度が約 6000℃であるとわかる．この方法では，放出される光の強度 I を知る必要がない．そのため，遠方にある星の温度がその色（波長 λ_{max}）だけでわかるので便利である．

しかし，エネルギーが低い長波長（低振動数）側で，放射エネルギーが下がっている理由が不明だった．そこで，プランクは，

法則 6.1（プランクの量子仮説（1900 年））

光のエネルギーには，振動数 ν に比例して決まる最小単位

$$E = h\nu \quad \text{〔J〕} = \text{〔J·s〕〔1/s〕} \tag{6.0.3}$$

（光のエネルギー）＝（定数）×（振動数）

があり，エネルギーはその整数倍となる．

という仮説を提唱する．ここで，h は比例定数で，のちにプランク定数と呼ばれる物理学の基本定数になった（$h = 6.625 \times 10^{-34}$ J·s）．このように考えると高振動数側（短波長側）では光のエネルギーが大きくなるが，高エネルギーの光の「数」が減ると考えれば，全体の和が減ることが説明可能になる．図 6.0.1 の曲線はプランク分布と呼ばれる．プランクの量子仮説から，シュテファン・ボルツマンの法則の σ が，$\sigma = \dfrac{2\pi^5 k^4}{15c^2 h^3}$ となることが示された．c は光速，k はボルツマン定数である ▶コラム 12 ．

■アインシュタインの光量子仮説 ★☆☆

19 世紀末，「光を金属に当てると，振動数の大きい光（または X 線）のときだけ，電子が飛び出してくる」という**光電効果**（photoelectric effect）が知られていた（図 6.0.2）．このとき，出てくる電子を光電子という．1839 年にベクレルが光化学電池という形で発見していたが，1888 年にハルバックスが電子が飛び出す現象を発見して，注目を集めるようになっていた．1902 年頃までには，レーナルトによって光と光電子の関係が詳しく調べられた．

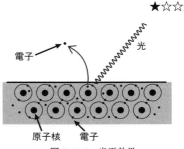

図 6.0.2 光電効果

この実験結果は奇妙だった．振動数が小さいときは強い光を長時間当てても電子が飛び出さず，振動数が金属ごとに固有の**限界振動数** ν_0 より大きいときはどんなに弱い光でも当てた瞬間から電子が飛び出してきたのだ．また，光電子のもつ運動エネルギーの最大値は光の強度に無関係で，当てる光の振動数とともに大きくなる．光が波であるとするならば，「強い光（振幅の大きな波）」を金属に照射すれば，振動数に関係なく大きなエネルギーを与えることになるので，電子が飛び出すはずである．逆に，弱い光ならばある程度の時間

をかけて十分なエネルギーを与えないと電子は飛び出すことができないはずである.

アインシュタインは，プランクの量子仮説を再考し，光の実体はなめらかにつながっている波ではなく，

法則 6.2（アインシュタインの光量子仮説（1905 年））
　振動数 ν の光は，$h\nu$ のエネルギーをもつ粒子（光子）のように振る舞う．

と提唱し，光電効果のメカニズムを次のように説明した．エネルギー $h\nu$ の光量子が電子と衝突して消滅し，エネルギーをすべて電子に渡す．このとき $h\nu$ が電子を金属内に閉じ込めている力の位置エネルギー W より小さいときには電子は放出されない．$h\nu$ が W を超えると電子が放出される．そのため，光電子の運動エネルギーは，最大で

$$E = h\nu - W \tag{6.0.4}$$

となる．W を仕事関数という．金属から電子が飛び出すためには，電子が最低いくらかのエネルギー（閾値）をもつことが必要である．光が 1 つ 2 つと数えることができる粒子であれば，電子との衝突でまとまったエネルギーを与えることができる（波であればできない）．光のエネルギーがプランクの量子仮説のように $E = h\nu$ で決まっていれば，ある一定値以上の振動数 ν をもつ光を照射して電子が飛び出す現象を説明できる．

この光量子仮説を認めると，先に述べた光電効果に関する疑問はすべて解消する．しかし，実際にこの関係式が成立することを実験で検証するのは，技術的な困難のため容易ではなかった．この困難を克服したのは，10 年近い歳月をかけて実験を継続したミリカンで，1916 年のことであった．この実験結果からプランク定数 h の値が求められるが，その値は先にプランクが導入したものと一致し，光量子仮説は実態としての光子へと転換していった．アインシュタインは「光量子仮説に基づく光電効果の理論的解明」により 1921 年にノーベル物理学賞を受賞した.

■ 光の粒子性と波動性　　　　　　　　　　　　　　　　　　　　　　　★☆☆

ニュートンが光の分光実験をして色の解明をして以来，私たちは「光の正体が波である」ことを毎日の生活の中で受け入れている．ところが，プランクやアインシュタインが言い出したのは，光には 1 つ 2 つと数えられるような最小単位が存在する，すなわち「光は粒子である」という考えである．これは互いに相容れない大問題である.

最も顕著な例は，2 重スリットの実験である．2 重スリットを通過した光がスクリーン上に明暗の干渉縞を生じさせるのは，光が波として回折・干渉現象を示すからだ．光が粒子であると考えると，この 2 重スリットの実験はどうなるだろうか．スリットを通過した後，まっすぐに進み，干渉することなくスクリーンに 2 つの明線を残すだろう．さらに，スリットに照射する光を弱くしていって，光子が 1 つずつしか放出できないレベルになったとしたら，光子は 2 つのスリットのどちらかを通過したはずなので，当然干渉現象は起きるはずがない.

つまり，「光は波である」とする考えと，「光は粒子である」とする考えは整合しない ▶6.4節．この矛盾を解決するため，量子論は確率解釈・不確定性原理など，これまでの物理にはない概念を導入していくことになった．

■ ラザフォードの原子模型 ★☆☆

物質の最小単位として「原子」というものがあることは概念的に知られていたが，アインシュタインが 1905 年にブラウン運動を「水の分子による微粒子への衝突現象」とする仮説を立てた頃は，まだ「分子」の存在も定かではなかった．また，「原子」の中にはプラスとマイナスの電荷をもった粒子が混在していることは知られていたが，それらの構造ももちろんわかっていなかった．1904 年に長岡半太郎は，中央に核があり，その周囲を電子が土星の輪のように回るモデルを提唱する．原子の中にある電子の数が原子番号程度であるとトムソンが結論づけたのは 1906 年のことで，当時は原子中には数百個，人によっては数十万個を超える電子が存在すると考えられていた．長岡は，多数の電子が円周上を等間隔で回転しているときには，各電子から放射される電磁波が干渉により打ち消されると考えた．

1909 年，ラザフォードは，α 粒子（He 原子核）を薄い金箔に照射する実験を教え子のガイガーとマースデンに行わせた．その結果，ほとんどの α 粒子は，金箔を通過するが，ときどき 90° 以上の大きな角度で散乱されることがわかった．α 粒子の質量は，電子の質量の 7000 倍以上あるので，電子によって大きく曲げられることはないはずである．そこでラザフォードは，金箔を作る原子には，原子の狭い領域にプラスの電荷をもつ「核」が存在し，ごく少数の α 粒子が原子核からの電気的な斥力を受けて，大角度散乱を起こす，というモデルを考えた（1911 年）．すなわち，中心に原子核があり，周囲を電子が回る，という原子模型である．しかしこのモデルには，致命的な欠陥があった．周回運動する電子がその加速運動で電磁波を放出し，エネルギーを失ってすぐに原子核に落ちて原子が潰れてしまうことを防ぐ手立てがないのである．そのため，このモデルを積極的に考える物理学者はいなかった．

■ 水素原子から出る輝線 ★☆☆

太陽光をプリズムで分解すると虹色に広がる．このように連続的に分布するスペクトルを連続スペクトルという．一方，高温の気体が出す光からは，気体の種類に応じて決まったいくつかの輝線がまばらに観測される．これを輝線スペクトルという．また，太陽光の連続スペクトルには，ところどころ色が抜けた暗線が見られる．これは後述する吸収スペクトルである．1850 年代，オングストロームは水素の輝線スペクトル 4 つについて，それらの波長の精密な測定に成功していた（656.210 nm，486.074 nm，434.01 nm，410.12 nm）．

バルマーは，水素原子の 4 つの輝線スペクトルの数値から，それらの光の波長 λ〔m〕が，

$$\lambda = 3.6456 \times 10^{-7} \times \frac{n^2}{n^2 - 2^2}, \quad n = 3, 4, 5, 6 \tag{6.0.5}$$

の規則をもつことを 1885 年に発見した．そしてこの式から n が 7 以上の他のスペクトル

があることも予言する．これらの輝線群をバルマー系列という．さらに，この式を拡張し，

$$\frac{1}{\lambda} = R\left(\frac{1}{n'^2} - \frac{1}{n^2}\right) \quad \left(\begin{array}{l} n' = 1, 2, 3, \ldots \\ n = n' + 1, n' + 2, n' + 3, \ldots \end{array}\right) \qquad (6.0.6)$$

とすることで，より波長の短い紫外線領域 ($n' = 1$) や，赤外線領域 ($n' = 3$) でもスペクトルが存在することを予言した．その後，それぞれライマン系列 (1906 年)，パッシェン系列 (1908 年) として発見された．定数 R はリュードベリ定数と呼ばれ，$R = 1.096788 \times 10^7$〔1/m〕である．これらの輝線の数値は式 (6.0.6) とピタリと合うが，この式の由来は物理的には不明だった．

■ボーアの原子モデル   ★☆☆

ラザフォードの原子模型の問題点と水素の線スペクトルの式を同時に解決したのがボーアである．彼は，プランクとアインシュタインが手がけた「量子化」のアイデアを電子の軌道半径に応用した．そして，次の 2 つの条件を提案する．

> **法則 6.3（ボーアの原子モデル（1913 年））**
> 　水素原子は，原子核のまわりに 1 個の電子が円を描いて運動し，そこでは次の条件がみたされている．
> **仮定 1　量子条件（図 6.0.3）**
> 　　原子には定常状態があり，定常状態にある電子は電磁波を出さず安定であって，これまでの力学が成り立つ．定常状態は，電子の角運動量 L が，n を整数として，次の条件をみたす．
>
> $$L = n\frac{h}{2\pi}, \quad n = 1, 2, 3, \ldots \qquad (6.0.7)$$
>
> **仮定 2　振動数条件（図 6.0.4）**
> 　　定常状態にある電子は別の定常状態に遷移することがある．そのときには，定常状態間のエネルギー差（エネルギー準位の差）と等しいエネルギーをもつ光子を吸収，あるいは放出する．n 番目と n' 番目の定常状態間を遷移するとき，光子の振動数は次式で与えられる．
>
> $$E_n - E_{n'} = h\nu, \quad E_n > E_{n'} \qquad (6.0.8)$$

　ボーアが提唱したのは，電子が円運動をすれば電磁波を放出する，という問題を「安定な定常状態の存在」で回避し，定常状態間の電子の遷移は「一瞬で発生する」というアイデアである．このたった 2 つの条件をおくだけで，さまざまな問題が解決する．古典物理学と量子の考えをミックスしたこの理論は，はじめは荒唐無稽ととらえられ，多くの物理学者は反発した．しかし，スペクトルの実験で登場したリュードベリ定数を導くことができ，さらに水素から電子を取り去る（イオン化する）ときのエネルギー（電離エネルギー）を説明できたことから次第に支持されるようになっていった ▶6.5 節．

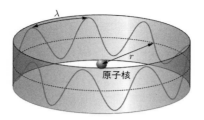

図 6.0.3 ボーアの量子条件：後にド・ブロイの物質波の考えを用いて，「許される電子の円軌道は，電子を波としたとき，その波長の整数倍と軌道の長さが等しいものに限られる」と解釈された.

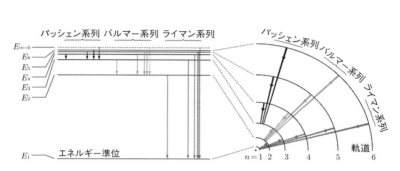

図 6.0.4 ボーアの振動数条件：ボーアは「とびとびの電子の軌道間を電子が遷移するとき，その差のエネルギーをもつ光子を放出・吸収する」と仮定した．原子核に近い方がエネルギーが低くて安定である．原子が最内軌道にあるときを基底状態，その他の軌道にあるときを励起状態という.

コラム 11 (★★☆プランク分布)

図 6.0.1 の強度分布を表す曲線を $\rho_T(\nu)$ とする. ヴィーンは 1893 年に

$$\rho_T(\nu) = F\left(\frac{\nu}{T}\right) \times \nu^3, \quad F\left(\frac{\nu}{T}\right) \text{ は } \frac{\nu}{T} \text{ を変数とする関数} \tag{6.0.9}$$

の公式を導いた. ある温度 T_0 での観測により F の形が決定されると, 式 (6.0.9) により任意の温度 T での強度が以下のように計算できる.

温度 T における振動数 ν のスケールを変更し, 温度 T_0 における振動数 ν_0 と $\frac{\nu}{T} = \frac{\nu_0}{T_0}$ をみたすようにとる. つまり, $\nu = \frac{T}{T_0}\nu_0$ とする. このとき

$$\rho_T(\nu) = F\left(\frac{\nu}{T}\right) \times \nu^3 = F\left(\frac{\nu_0}{T_0}\right) \times \left(\frac{T}{T_0}\nu_0\right)^3 = \left(\frac{T}{T_0}\right)^3 \rho_{T_0}(\nu_0) \tag{6.0.10}$$

となる. すなわち, 温度 T_0 における強度分布を示す曲線が決まると, 温度 T における曲線は, これを縦軸の向きに $\left(\frac{T}{T_0}\right)^3$ 倍し, さらに横軸の向きに $\frac{T}{T_0}$ 倍して得られる.

このことから, $\rho_T(\nu)$ 下の面積で表される放射による全エネルギーが絶対温度の 4 乗に比例するというシュテファン・ボルツマンの法則が導かれる. また, 強度が最も強くなる振動数 $\nu_{\max}$ は, T に比例して大きくなる. これはヴィーンの変位則を振動数に置き換えたものである.

ヴィーンは, 大胆な仮説のもと,

$$F\left(\frac{\nu}{T}\right) = Ae^{-B\nu/T}, \quad A, B \text{ は定数}$$

を得た. しかし, ν が大きいところでは観測値とよく合うが, ν が小さくなると観測値からずれてしまう. 一方, レイリーとジーンズは真空中の光の速さを c として

$$F\left(\frac{\nu}{T}\right) = \frac{8\pi k}{c^3} \cdot \frac{T}{\nu}, \quad k \text{ はボルツマン定数}$$

を得た. これによる強度分布は振動数 ν が小さいところでは観測値と合うが, ν が大きくなると $\rho_T(\nu)$ が無限大に発散してしまう.

プランクは 1900 年にヴィーンの式を以下のように修正した.

$$F\left(\frac{\nu}{T}\right) = \frac{A}{e^{B\nu/T} - 1}$$

この式は, 振動数 ν が大きいところではヴィーンの式と一致し, ν が小さいところでは, $A = \frac{8\pi k}{c^3}B$ とおけばレイリー・ジーンズの式と一致する. $kB = h$ (プランク定数) とおいて,

$$\rho_T(\nu) = \frac{8\pi h}{c^3} \frac{\nu^3}{e^{h\nu/kT} - 1} \tag{6.0.11}$$

となる. プランクの偉大なところは, 光のエネルギーは連続的に変化するのではなく, $h\nu$ を単位としてその整数倍しか許されないとして式 (6.0.11) を導き出したところにある.

コラム 12 （★★★プランク分布によるシュテファン・ボルツマンの法則の導出）

さまざまな色があることから察せられるように，物体が光（電磁波）を吸収・放出するメカニズムはかなり複雑である．物理モデルとして，すべての振動数の光を吸収する**黒体**が扱われる．黒体は光のエネルギーを吸収するだけではなく放出もする．シュテファンが研究対象とした物体は，黒体と近似できることが後に確認されている．

もちろん現実にはすべての光を吸収するような物体は存在しない．実は，すべての光を反射する壁で取り囲まれた空間（空洞）が黒体に相当する．特定の温度の黒体から放出される光の様子を調べたいとき，この温度に保たれた物体中に空洞を用意し，ごく小さな孔を開けて漏れてくる光の様子を観測すればよい．ボルツマンはマクスウェルの電磁気学から導かれる電磁波の圧力の考えと熱力学とを組み合わせ，空洞のエネルギー密度 u_T〔J/m^3〕が T^4 に比例することを理論的に証明した．黒体からの放射の強さと空洞のエネルギー密度には $I = cu_T/4$ の関係があることが示されている．c は光速である．

したがって，プランク分布の式 (6.0.11) を用いると，

$$I = \frac{c}{4}u_T = \frac{c}{4}\int_0^\infty \rho_T(\nu)d\nu = \frac{2\pi h}{c^2}\int_0^\infty \frac{1}{e^{h\nu/kT}-1}\nu^3 d\nu \tag{6.0.12}$$

である．ここで $x = \dfrac{h\nu}{kT}$ とおいて積分変数を変換すると

$$I = \frac{2\pi k^4}{c^2 h^3}\,T^4\int_0^\infty \frac{x^3}{e^x - 1}dx \tag{6.0.13}$$

が得られる．これはシュテファン・ボルツマンの法則 (6.0.1) に他ならない．この式から比例係数 σ が次のように計算できる．

$$\sigma = \frac{2\pi k^4}{c^2 h^3}\int_0^\infty \frac{x^3}{e^x - 1}dx = \frac{2\pi^5 k^4}{15 c^2 h^3} \tag{6.0.14}$$

式 (6.0.14) の積分は，以下のようにして実行できる．まず

$$\int_0^\infty \frac{x^3}{e^x - 1}dx = \int_0^\infty \frac{x^3 e^{-x}}{1 - e^{-x}}dx = \int_0^\infty x^3 \sum_{n=1}^\infty e^{-nx}dx = \sum_{n=1}^\infty \int_0^\infty x^3 e^{-nx}dx$$

と書き直す．最後の積分は，$e^{-nx} = -\dfrac{1}{n}\dfrac{d}{dx}e^{-nx}$ を用いて部分積分を 3 回繰り返し

$$\int_0^\infty x^3 e^{-nx}dx = \frac{6}{n^3}\int_0^\infty e^{-nx}dx = \frac{6}{n^3}\left[-\frac{e^{-nx}}{n}\right]_0^\infty = \frac{6}{n^4}$$

と求められる．また，$\displaystyle\sum_{n=0}^\infty \frac{1}{n^4} = \frac{\pi^4}{90}$ となるので，$\displaystyle\int_0^\infty \frac{x^3}{e^x - 1}dx = 6\cdot\frac{\pi^4}{90} = \frac{\pi^4}{15}$ となる．係数 σ は，光速 c，ボルツマン定数 k とプランク定数 h から決まる定数である．

6.1 温暖化のメカニズム

■大気を無視したときの地表の温度   ★☆☆

地球は太陽からの光のエネルギーを吸収する一方，宇宙空間へ主に赤外線としてエネルギーを放出している．両者のつりあいで地表の温度が決まる．赤外線を吸収する物質が地表付近にあると，この物質と地表との間にエネルギーの循環が生じ，地表の温度が上昇する．以下，このモデルに基づいて温暖化のメカニズムを考えてみよう．

太陽を半径 $R_\odot$，絶対温度 $T_\odot$ の球，また，地球を半径 $R_\oplus$，絶対温度 $T_\oplus$ の球と仮定する．地球は太陽からの距離が L_0 の円周上で等速円運動しながら，太陽から得たエネルギーを宇宙空間のあらゆる方向へ均一に放射しているとする．以下の計算で用いる数値を表 6.1.1 に掲げておく．$\odot$，$\oplus$ はそれぞれ太陽，地球を意味する記号である．なお，地球の半径 $R_\oplus$ は計算の途中で約分され，その値は必要ない．

表 6.1.1 　$R_\odot$，L_0 および $T_\odot$ の値

太陽半径	$R_\odot$	696 000 km
太陽・地球間距離	L_0	150 000 000 km
太陽表面温度	$T_\odot$	5 790 K

問題 6.1.1

太陽光によりもたらされるエネルギーを地球の公転軌道上で測定すると，太陽光線に垂直な単位面積・単位時間当たり $1.37 \times 10^3\,\mathrm{W/m^2}$ である．これを**太陽定数**と呼び，J_0 と表す．

(1) 太陽が 1 秒当たり放出する全エネルギーを求めよ．

一般に物体は，照射された光のうち一部を吸収し，残りは反射する．可視光線の反射の仕方に応じて物体は色づいて見える．ここで，照射されたすべての光を吸収する理想的な物体を考え，**黒体**（black body）と呼ぶことにする．黒体は，吸収した光のエネルギーを温度に依存した形で放出する．黒体表面から放射される単位面積・単位時間当たりのエネルギー I は，絶対温度 T の 4 乗に比例し，比例定数を σ として

$$I = \sigma T^4, \quad \sigma = 5.67 \times 10^{-8}\,\mathrm{W/(m^2 \cdot K^4)} \tag{6.1.1}$$

と表される（シュテファン・ボルツマンの法則）．

(2) 太陽を黒体と見なして太陽表面温度 $T_\odot$ を求めよ．

宇宙から地球を見ると青く輝いていることからわかるように，地球はすべての光を吸収する黒体ではない．そこで，照射される光のエネルギーの A 倍（$0 < A < 1$）は反射して地球に届かないと仮定する．これを**アルベド**（albedo）と呼ぶ．アルベド A の値は，海面では 0.1 以下，森林で 0.1～0.2，雲で 0.4～0.7 程度である．平均で 0.3 と仮定しよう．一方，地球がエネルギーを放出するときは，黒体として扱えるとする．

(3) 地球表面温度 $T_\oplus$ を求めよ.

▶ 解

(1) 地球に到達する太陽光は,半径 L_0 の球面に広がっていることから

$$J_0 \times 4\pi L_0{}^2 = 3.87 \times 10^{26} \ \text{W}$$

(2) シュテファン・ボルツマンの法則 (6.1.1) より

$$\sigma T_\odot{}^4 = \frac{J_0 \times 4\pi L_0{}^2}{4\pi R_\odot{}^2} \quad \Rightarrow \quad T_\odot = \left(\frac{J_0 L_0{}^2}{\sigma R_\odot{}^2} \right)^{1/4} = 5.79 \times 10^4 \ \text{K}$$

(3) 地球が吸収する太陽光のエネルギーは,太陽定数 J_0 に地球の断面積 $\pi R_\oplus{}^2$ を掛けた量の $(1-A)$ 倍となる.これと地球表面から宇宙空間へ放出されるエネルギーとのつりあいを表す式

$$(1-A) \times J_0 \times \pi R_\oplus{}^2 = \sigma T_\oplus{}^4 \times 4\pi R_\oplus{}^2$$

より,地球表面温度 $T_\oplus$ が次のように求められる.この結果は,地球の大きさには依存しない.

$$T_\oplus = \left(\frac{(1-A)J_0}{4\sigma} \right)^{1/4} \fallingdotseq 2.55 \times 10^2 \ \text{K} \fallingdotseq -18 \text{℃} \qquad \square$$

このように,大気による温暖化を考慮しないと地球の平均気温 15℃ よりかなり低い値となる.なお,(2) の結果を用いて $\dfrac{J_0}{\sigma} = \dfrac{R_\odot{}^2}{L_0{}^2} T_\odot{}^4$ と書けば,

$$T_\oplus = (1-A)^{1/4} \sqrt{\frac{R_\odot}{2L_0}} \, T_\odot$$

となり,L_0 とアルベド A を対応するものに置き換えることで,他の惑星の表面温度を計算できる.

■ 大気を考慮したときの地表の温度　　　　　　　　　　　　★★☆

一般に,物体からはいろいろな波長の電磁波(光)が放出されるが,黒体の場合,その中で最も強度が強い波長 $\lambda_{\max}$ は絶対温度 T を用いて

$$\lambda_{\max} \fallingdotseq \frac{2.90 \times 10^{-3}}{T} \fallingdotseq \begin{cases} 5.00 \times 10^{-7} \ \text{m} & (T = 5800 \ \text{K のときの太陽表面}) \to \text{可視光線} \\ 1.13 \times 10^{-5} \ \text{m} & (T = 256 \ \text{K のときの地球表面}) \to \text{赤外線} \end{cases}$$

となる(ヴィーンの変位則).大気中に含まれる水,二酸化炭素,メタン等は,赤外線を吸収して分子内の原子の振動エネルギーに変えることができるが,可視光線は光子のエネルギーが高すぎて,そのエネルギーを振動に変えて吸収することができない.したがって,太陽放射はほとんど吸収されることなく地表に達する.逆に地表から大気中に放射される電磁波(主に赤外線)は,大気にそのエネルギーの一部を吸収され,残りが宇宙空間へと出て行く(図 6.1.1).その結果,地表の温度 T_g と大気の温度 T_a が異なる値になる.

問題 6.1.2

T_g, T_a をそれぞれ地表と大気の温度とする．ここでは，大気は地球を覆う布団であると考え，内側の面からは地表に向けて，また外側の面からは宇宙空間に向けて，エネルギーを放射していると考える．その厚みは地球の半径に比べて十分小さく，その内面・外面の表面積は地表の面積と同じであるとする．光によって運ばれるエネルギーの流れを図 6.1.1 に示した．ここで，W_0 は太陽から地球に流れ込むエネルギー，W_g は地面から放出されるエネルギー，W_a は大気から放出されるエネルギーを表す．

地表の温度 T_g が気温を表すと考える．ただし，大気は黒体ではなく，単位面積から単位時間当たりに放射されるエネルギーを，放射率 $\varepsilon (0 < \varepsilon < 1)$ を用いて $\varepsilon \sigma T_a{}^4$ と表すことにする．このとき，電磁波を吸収する割合（吸収率）も同じ ε となることが知られている．

$$W_0 = J_0 \times \pi R_\oplus{}^2$$
$$W_g = \sigma T_g{}^4 \times 4\pi R_\oplus{}^2$$
$$W_a = \sigma T_a{}^4 \times 4\pi R_\oplus{}^2$$

(4) 地面が吸収するエネルギーと放出するエネルギーのつりあいの式を書け．
(5) 大気の外面において同様のエネルギーのつりあいの式を書け．
(6) T_g, T_a を求めよ．

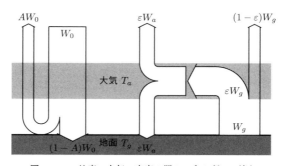

図 **6.1.1**　地表・大気・宇宙の間のエネルギーの流れ

▶ **解**

(4) $(1 - A)W_0 + \varepsilon W_a = W_g$
(5) $W_0 = AW_0 + \varepsilon W_a + (1 - \varepsilon)W_g$
(6) (4)，(5) の 2 式から W_a を消去する．$W_0 = J_0 \times \pi R_\oplus{}^2$，$W_g = \sigma T_g{}^4 \times 4\pi R_\oplus{}^2$ より

$$W_g = \frac{2(1 - A)}{2 - \varepsilon} W_0 \quad \Rightarrow \quad T_g = \left(\frac{2}{2 - \varepsilon} \right)^{1/4} \times (1 - A)^{1/4} \sqrt{\frac{R_\odot}{2L_0}} \, T_\odot$$

が得られる. また, $T_a = \dfrac{T_g}{\sqrt{2}}$ である. T_g は, 大気の影響を無視して (3) で求め

た $T_\oplus$ の $\left(\dfrac{2}{2-\varepsilon}\right)^{1/4}$ 倍となる. ε の値は波長によって変化するが, 平均して 0.7

とすれば, この値は 1.11 となり, T_g は 284 K, すなわち 11℃程度となる. なお,

$T_a = \dfrac{1}{\sqrt[4]{2}} \cdot T_g = 239$ K である. このような単純なモデルでも, 赤外線を吸収する大

気が存在することで, 地表の温度 (気温) が上昇することが理解できる.   □

　温室効果ガスの1つである二酸化炭素が増加すると, ε の平均値が大きくなり, さらに気温が上昇する. このとき, さまざまな副次的効果が発生する. これをフィードバックという. 例えば, 気温が上昇すると, 北極, 南極や高山の氷が溶け, アルベド A が小さくなって地表に吸収されるエネルギーが増加する. そのため, 気温がさらに上昇する. また, 気温が上がると大気中の水蒸気量が増加する. 水蒸気は広い波長領域において ε が大きく温室効果への寄与も大きい. このことも気温上昇に拍車をかける. 二酸化炭素が温暖化の原因として問題視されるのは, それが人為的にコントロール可能で, これまでは無批判に化石燃料を大量に消費することで排出し続けてきたからである.

$$\boxed{6.2}\ \text{ミリカンの実験}$$

　電子の流れである電流，つまり電気がいまの世の中に必要不可欠であり，電子工学が私たちの生活様式を大きく変えてきたことは言うまでもない．そもそも大昔から生命現象をはじめとする化学反応はすべて電子の電磁相互作用が担っている．このように私たちとは切っても切り離せない電子だが，100 年ほど前まではその実態はよく知られていなかった．

　当時は物質を細かく分けていくと，最小の単位は原子でそれ以上は分割することはできないと考えられていた．だから，原子の中に電子などというものがあると想像すること自体が難しかったであろう．さらに，そのような極微で，ときどき原子から飛び出してもくる電子をとらえ，性質を抽出するには，先入観にとらわれない卓越した発想力が必要だったはずである．この問題では電子のもつ電気量（電気素量），そして質量をどのように測定したのか，考えていこう．

■ 電子の発見　　　　　　　　　　　　　　　　　　　　　　　　　　　★☆☆

問題 6.2.1

　1897 年，トムソンは ┃ ア ┃ 線が電場（電界）や磁場（磁界）によって曲げられる様子を調べて，その正体が負電荷の未知の粒子からなることを突きとめ，粒子の電気量の大きさと質量の比（比電荷）を測定した．後の精密な実験からこの比は，

$$\frac{e}{m_{\mathrm{e}}} = 1.76 \times 10^{11}\ \text{C/kg} \tag{6.2.1}$$

と与えられた．また，この粒子は ┃ イ ┃ と名づけられた．

▶ **解**　　空所アに入るのは陰極線$_7$，空所イは電子$_4$である．　　　　　　　□

　19 世紀中頃，ほぼ真空にした管の両端に電圧をかけると，陰極から「なにか」が飛び出していることが発見された．そのなにかは目では見えず正体もわからなかったが，ビームのように連続的に陰極から出ていたので陰極線と呼ばれた．トムソンが調べたのはこの陰極線である．トムソンは陰極線が電場と磁場によって曲げられる様子を丁寧に観察して，陰極線を構成する小さな粒子の比電荷を求めた．トムソンはこの粒子を「小体（corpuscle）」としたが，ストーニーが用いていた「電子（electron）」という呼び名が定着した．その頃，原子は物質の最小単位でそれ以上は分割できないと考えられていたが，実は原子はより小さな構成要素からなり，内部構造をもつ可能性が示された．真実へと向けた大きな一歩が踏み出された瞬間である．

　そして，1909 年，ミリカンは図 6.2.1 のような装置内で不揮発性の油滴を漂わせることにより，電子がもつ電気素量を精密に測定した．

■ 電気素量の測定   ★★☆

問題 6.2.2

霧吹きから出された小さな油滴は重力によって落下し，小さな孔 P を通過して水平に置かれた電極 A, B の間に入る．ここで，油滴に X 線を照射して帯電させる．

まず，電極 AB 間に電圧をかけない場合を考える．油滴は軽いので空気の抵抗力と重力がすぐにつりあい，一定の速さ v_0 で落下した．油滴を質量 m，半径 r の球とすると，抵抗力の大きさは比例定数 $k (> 0)$ を用いて，krv_0 と表される．また，重力加速度の大きさを g とする．

(1) 重力と抵抗力のつりあいの式を書け．

(2) 油滴が一様な密度 ρ をもつとすると，油滴の質量 m は $m = \dfrac{4}{3}\pi r^3 \rho$ と表される．油滴の半径 r を求めよ．ただし，この問い，および以下の問いでは，質量 m ではなく密度 ρ を用いて解答せよ．

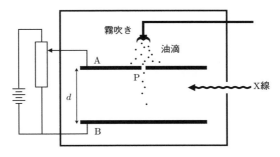

図 6.2.1　ミリカンの実験装置の模式図．電極 A から B の向きに重力がはたらく．

▶ 解

(1) 重力と抵抗力の大きさが等しくなるので，$\underline{mg = krv_0}$ である．

(2) $m = \dfrac{4}{3}\pi r^3 \rho$ をつりあいの式に代入し，半径について解くと $r = \sqrt{\dfrac{3kv_0}{4\pi\rho g}}$ が得られる．　□

このように油滴の終端測度 v_0 を測定することにより，それぞれの油滴の大きさ，そして質量を見積もることができる．

問題 6.2.3

次に電極 AB 間に電圧 V_0 をかけると，油滴は一定の速さ v_1 で上昇した．このとき，油滴には鉛直上向きに静電気力（クーロン力），下向きに空気の抵抗力と重力がはたらき，油滴にはたらく力はつりあいの状態にある．油滴の電気量を $-q$，電極 AB

間の距離を d として，つりあいの式を書くと次のようになる.

$$\frac{4}{3}\pi r^3 \rho g + krv_1 = \boxed{\text{ウ}} \tag{6.2.2}$$

(3) (2) の結果を用いて q を求めよ.

(4) (3) で求められた式に現れる量はすべて実験で測定される．いくつもの油滴について実験を繰り返し，それぞれの油滴に対して次のような q の値が得られた．この結果から電気素量 e の値を推定せよ．単位を〔C〕とする.

q〔$\times 10^{-19}$ C〕	4.81	8.01	9.63	11.22	14.43

(5) 式 (6.2.1) より質量 m_e を数値で求めよ．単位を〔kg〕とする.

▶**解** 電極 AB 間の電場の大きさは $E = \dfrac{V_0}{d}$ である．したがって，電気量 $-q$ をもつ油滴にはたらく上向きのクーロン力（の大きさ）は $\underset{\text{ウ}}{\dfrac{qV_0}{d}}$ となる.

(3) 式 (6.2.2) を q について解き，$r = \sqrt{\dfrac{3kv_0}{4\pi\rho g}}$ を代入すると，

$$q = \frac{d}{V_0}\left(\frac{4}{3}\pi r^3 \rho g + krv_1\right) = \frac{d}{V_0}\sqrt{\frac{3kv_0}{4\pi\rho g}}\left(\frac{4}{3}\pi \cdot \frac{3kv_0}{4\pi\rho g}\cdot \rho g + kv_1\right)$$

$$= \frac{kd(v_0 + v_1)}{V_0}\sqrt{\frac{3kv_0}{4\pi\rho g}}$$

が得られる.

(4) 表にある隣どうしの q の値を引き算すると，$8.01 - 4.81 = 3.20$, $9.63 - 8.01 = 1.62$, $11.22 - 9.63 = 1.59$, $14.43 - 11.22 = 3.21$ となる（単位はすべて 10^{-19} C）．これらの値は平均して $\underline{1.60 \times 10^{-19}\,\text{C}}$ の定数倍になっていることがわかるので，これが電気素量 e と推定される.

(5) (4) で求めた電気素量を式 (6.2.1) に代入すると $m_\mathrm{e} = 9.09 \times 10^{-31}\,\text{kg}$ が得られる（※現在測定される電子の質量は $9.11 \times 10^{-31}\,\text{kg}$ である）. □

(3) の答えは油滴の質量 m を用いても表すことができる．しかし，問題文にもあるように，ここではあえてややこしくなる密度 ρ で解答するように指示した．それは，直接測定できるのは油滴の質量ではなく，密度だからである．その意味でいうと v_0 や v_1 も本来は落下距離と落下時間で表した方がよいかもしれない．いずれにしても実験ではそれぞれの物理量が理論によって決まる量，装置によって決まる量，測定する量，そして，測定量から求められる量なのかを理解しておくことが大切である.

また，(4) の問いでは解答である $e = 1.60 \times 10^{-19}$ C の 1/2 倍や 1/3 倍も答えの候補としてあげられる．しかしながら，実験の結果に 1/2 倍や 1/3 倍の値が出てこずに，たまたま 1.60×10^{-19} C の定数倍しか出てこない確率はずっと小さくなる．こうした場合，ま

ずは最も確からしい $e = 1.60 \times 10^{-19}$ C を推定するのが正しい姿勢といえる。実際には測定回数を増やして確からしさを上げていくことになる。

問題 6.2.4

ミリカンは当初，油滴ではなく水滴を用いていた。しかし，水滴は実験中に蒸発して半径が小さくなってしまい，正確な実験結果が得られなかった。いま，簡単のために電極 AB 間に電圧をかける瞬間にだけ水滴の半径が小さくなると仮定し，電圧をかける前の水滴の半径を $r\,(=$ 定数$)$，かけているときの半径を $r - \Delta r\,(=$ 定数$)$ とする。水滴の密度 ρ や電気量 $-q$ は変化しないとする。このとき，半径が Δr だけ小さくなったために，水滴が上昇する速さは $v_1 + \Delta v_1$ と観測される。Δr が r に比べて小さいとして式 (6.2.2) を用いると，Δv_1 と Δr の関係，

$$\Delta v_1 = \frac{3v_0 + v_1}{r}\Delta r \tag{6.2.3}$$

が得られる。

しかしながら，ここで水滴半径の変化に気づかずに電圧をかけた後も r のままで計算してしまうと，速さのずれ Δv_1 のために，水滴の電気量は本来の値 $-q$ からずれて，$-(q + \Delta q)$ と計算される。

(6) 式 (6.2.2), (6.2.3) を利用して水滴の電気量の誤差 Δq を Δr を用いて表せ。ただし，r を用いないこと。

答えを求める前に式 (6.2.3) を導出してみよう。まず，水滴の半径が小さくなったとき，式 (6.2.2) は，

$$\frac{4}{3}\pi(r - \Delta r)^3 \rho g + k(r - \Delta r)(v_1 + \Delta v_1) = \frac{qV_0}{d}$$

と変更される。ここで，Δr と Δv_1 の 1 次までとると（0 次は式 (6.2.2) を用いて消去される），

$$-4\pi r^2 \rho g \Delta r - k v_1 \Delta r + k r \Delta v_1 = 0$$

となる。これを Δv_1 について解くと，

$$\Delta v_1 = \frac{1}{kr}(4\pi r^2 \rho g + k v_1)\Delta r = \frac{1}{r}\left(\frac{4\pi}{k} \cdot \frac{3k v_0}{4\pi \rho g} \cdot \rho g + v_1\right)\Delta r = \frac{3v_0 + v_1}{r}\Delta r$$

となり，式 (6.2.3) が求まる。

▶**解**　水滴の半径は変化していないと考えてしまうと，その分のずれは電気量に誤差 Δq として現れることになる。これによって式 (6.2.2) は

$$\frac{4}{3}\pi r^3 \rho g + kr(v_1 + \Delta v_1) = \frac{(q + \Delta q)V_0}{d}$$

のように書き換えられる。先ほどと同じように 1 次の式を出すと，

$$kr\Delta v_1 = \frac{V_0}{d}\Delta q$$

となり，これを Δq について解くと，

$$\Delta q = \frac{d}{V_0} \cdot kr\Delta v_1 = \underline{\frac{kd}{V_0}(3v_0 + v_1)\Delta r}$$

が得られる．最後の等式は式 (6.2.3) を用いた．   □

　最後の式からわかるように，水滴の大きさはバラバラなので，それによって測定される電気量も本来の値から Δq だけランダムにずれてしまい，電気量が電気素量の定数倍としてきちんと現れなくなってしまう．そこで，ミリカンは不揮発性の油滴を用いたのである．実験ではなにが原因でうまくいかないのかを予想して改良していく経験とセンスが成功の鍵となる．また，この問題のように予想される誤差の評価ができることも重要である．

6.3 アストンの質量分析器

　元素には質量が異なる同位体が存在する．このことをはじめて明らかにしたのはトムソンで，1913 年のことである．当時はまだ中性子の存在は知られていなかったが，今日の知識を用いていえば，原子番号 10 のネオンの質量数がそれぞれ 20 と 22 の 2 同位体をイオン化し，電場と磁場を通過させたときの振る舞いの違いから識別した．トムソンの用いた装置を改良したアストンは，1919 年にはおよそ 1/1000 の精度でイオンの質量の違いを識別できる装置を開発した．アストンの開発した質量分析器の原理を考察しよう．

■ 電場・磁場による荷電粒子の曲がり　　　　　　　　　　　　　★☆☆

　電場・磁場を用いると，荷電粒子の進行方向を変えることができる．電場・磁場が存在する領域に入る直前と，そこから出た直後の荷電粒子の進行方向がなす角を，「振れ角」と呼ぶことにする．図 6.3.1，図 6.3.2 のように，質量 m，正の電荷 q をもつ荷電粒子が，速さ v_0 で一様な電場・磁場に垂直に入射したとき，振れ角を計算してみよう．

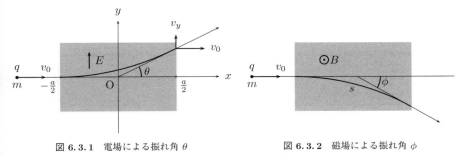

図 6.3.1 電場による振れ角 θ　　　　　　**図 6.3.2** 磁場による振れ角 ϕ

問題 6.3.1

　図 6.3.1 の網掛け部分に，y 軸の正の向きに大きさ E の一様な電場が存在する．x 軸の正の向きに運動する荷電粒子は，電場から大きさ $\boxed{\quad ア \quad}$ の力を $\boxed{\quad イ \quad}$ の間受け続ける．運動量の変化がその間に受ける力積に等しいことから，$x = a/2$ での速度の y 成分 v_y を計算できる．したがって，θ が微小なとき，振れ角 θ は次の式 (6.3.1) となる．

$$\theta \fallingdotseq \tan\theta = \frac{v_y}{v_0} = \boxed{\quad ウ \quad} \tag{6.3.1}$$

θ^2 が無視できるときには，$\sqrt{v_0^2 + v_y^2} \fallingdotseq v_0\sqrt{1 + \theta^2} \fallingdotseq v_0$ となり，荷電粒子の速さは変化しないと見なせる．

　図 6.3.2 の網掛け部分に，紙面に垂直で裏から表へ向かう，磁束密度の大きさが B の一様な磁場がある．この磁場に垂直に入射した荷電粒子は，磁場から一定の大きさ

エ　の力を進行方向と垂直な向きに受けて等速円運動を行う．その半径 ρ は，円運動の運動方程式から計算できて $\rho =$ オ　となる．したがって，磁場中を荷電粒子が運動した距離を s とおけば，振れ角 ϕ は次の式 (6.3.2) となる．

$$\phi = \frac{s}{\rho} = \boxed{\text{カ}} \tag{6.3.2}$$

▶ 解　　電場から受ける力は $\underset{\text{ア}}{qE}$，力を受けている時間は $\underset{\text{イ}}{\dfrac{a}{v_0}}$．よって

$$m(v_y - 0) = qE \cdot \frac{a}{v_0} \quad \Rightarrow \quad v_y = \frac{qEa}{mv_0}$$

振れ角は，$\theta \fallingdotseq \dfrac{v_y}{v_0} = \underset{\text{ウ}}{\dfrac{qEa}{mv_0{}^2}}$．電場による振れ角は，運動エネルギーに反比例する．

磁場中ではローレンツ力 $\underset{\text{エ}}{qv_0 B}$ により半径 ρ の等速円運動を行うので，

$$m\frac{v_0{}^2}{\rho} = qv_0 B \quad \Rightarrow \quad \rho = \underset{\text{オ}}{\frac{mv_0}{qB}}$$

振れ角は，$\phi = \dfrac{s}{\rho} = \underset{\text{カ}}{\dfrac{qBs}{mv_0}}$．磁場による振れ角は，運動量に反比例する．　　　　□

■ アストンの質量分析器　　　　　　　　　　　　　　　　　　★★☆

　アストンの質量分析器では，直線状に絞られたイオンビームを電場によって曲げ，スリットを通して $\Delta\theta$ だけ広げる．その後，磁場を用いて広がったビームを絞って一点に収束させる．このメカニズムについて考察する．

　図 6.3.3 のように，いろいろな速さの同一荷電粒子を，x 軸に沿って電場に入射させた．振れ角が θ と $\theta + \Delta\theta$ の間のものをスリットで取り出し，磁場で逆向きに曲げると，点 P に集まった．このとき磁場による振れ角は，ϕ と $\phi + \Delta\phi$ の間であった．

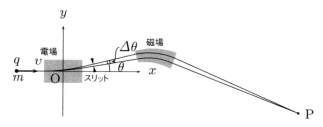

図 6.3.3　電場・磁場を通過する荷電粒子の軌跡

　図 6.3.4 は，図 6.3.3 の荷電粒子の軌跡を折れ線で近似したものである．この図では電場は一点 O ではたらき，磁場は軌道上の一点 A もしくは B ではたらくと見なしている．ここで，OB ≒ OA = d，PB ≒ PA = ℓ とする．XP は x 軸と平行である．この図より，

$\angle$APX$= \phi - \theta$, $\angle$BPX$= (\phi + \Delta\phi) - (\theta + \Delta\theta)$ なので,$\angle$APB$= \Delta\phi - \Delta\theta$ となることがわかる.

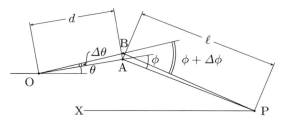

図 **6.3.4** 軌跡を折れ線で近似した図

図 6.3.5 は,図 6.3.4 において点 A を中心に,三角形 APB を反時計回りに ϕ 回転し,OAP が直線となるように描き直した図である.$\angle$B'OA$= \Delta\theta$,$\angle$B'PA$= \Delta\phi - \Delta\theta$,であるから,直線 OB' と PB' のなす角は $\Delta\phi$ となる.この図から,次の関係式が成り立つことがわかる.

$$W \fallingdotseq (d + \ell)\Delta\theta \fallingdotseq \ell\Delta\phi \qquad (6.3.3)$$

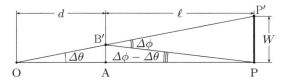

図 **6.3.5** $\Delta\theta$ と $\Delta\phi$ の関係を示す模式図（$\Delta\theta$ と $\Delta\phi$ は実際より大きく描いてある）

この式は,電場により曲げられた後に $d + \ell$ 進んで幅 W に広がった荷電粒子を磁場により ℓ 進む間に収束させたと解釈できる.

問題 6.3.2

　速さが v_0 の荷電粒子に対しては,電場・磁場による振れ角が式 (6.3.1), (6.3.2) の θ, ϕ であったが,速さがわずかに遅い $v_0 - \Delta v$ の荷電粒子では,それぞれ $\theta + \Delta\theta$,$\phi + \Delta\phi$ に増加したと考えよう.一般に,ε が 1 に比べて小さいとき,ε^2 を無視する近似で,

$$(1 + \varepsilon)^n \fallingdotseq 1 + n\varepsilon$$

が成り立つ.

(1) この近似式を用いて,式 (6.3.1) より $\Delta\theta \fallingdotseq 2\theta \dfrac{\Delta v}{v_0}$ であることを示せ.

(2) 同様の計算で $\Delta\phi$ を求め,式 (6.3.3) から次の式を導け.

$$d \cdot 2\theta = \ell \cdot (\phi - 2\theta) \qquad (6.3.4)$$

(3) θ, ϕ が微小な角であるとき，図 6.3.4 で $\angle \mathrm{AOP} = 2\theta$ となることを示せ.

▶ 解

(1) $\theta + \Delta\theta = \dfrac{qEa}{m(v_0 - \Delta v)^2} = \dfrac{qEa}{mv_0{}^2} \cdot \left(1 - \dfrac{\Delta v}{v_0}\right)^{-2} \fallingdotseq \theta \cdot \left(1 + 2\dfrac{\Delta v}{v_0}\right)$ より導かれる.

(2) $\phi + \Delta\phi = \dfrac{qBs}{m(v_0 - \Delta v)} = \dfrac{qBs}{mv_0} \cdot \left(1 - \dfrac{\Delta v}{v_0}\right)^{-1} \fallingdotseq \phi \cdot \left(1 + \dfrac{\Delta v}{v_0}\right)$ より $\Delta\phi \fallingdotseq \phi \cdot \dfrac{\Delta v}{v_0}$.

これを式 (6.3.3) に代入して

$$(d + \ell) \cdot 2\theta \dfrac{\Delta v}{v_0} = \ell \cdot \phi \dfrac{\Delta v}{v_0} \quad \Rightarrow \quad d \cdot 2\theta = \ell \cdot (\phi - 2\theta)$$

(3) $\angle \mathrm{AOP} = x$ とおくと，$\angle \mathrm{APO} = \phi - x$ となる. $\triangle \mathrm{AOP}$ に対して正弦定理を適用すれば，一般に角 α が微小なとき $\sin\alpha \fallingdotseq \alpha$ となるので，

$$\dfrac{d}{\sin(\phi - x)} = \dfrac{\ell}{\sin x} \quad \Rightarrow \quad \dfrac{d}{\phi - x} = \dfrac{\ell}{x} \quad \Rightarrow \quad x = \dfrac{\ell}{d + \ell}\phi$$

一方，式 (6.3.4) より $\phi = \dfrac{2(d + \ell)}{\ell}\theta$ となり $x = \dfrac{\ell}{d + \ell}\phi = \dfrac{\ell}{d + \ell} \cdot \dfrac{2(d + \ell)}{\ell}\theta = 2\theta$

□

この結果は，x 軸（荷電粒子のはじめの進行方向）が $\angle \mathrm{AOP}$ を 2 等分することを示す.

■ 同位体分離のメカニズム   ★★☆

問題 6.3.3

荷電粒子の中に，電荷 q は同じだが，質量が m の粒子と，その k 倍の粒子とが混合されている場合を考えよう．電場による振れ角は固定されているので，質量が k 倍になると，スリットを通過する荷電粒子の速さ v_0 は | キ | 倍に，磁場による振れ角 ϕ は | ク | 倍になる．このとき，式 (6.3.4) が成り立つように ℓ も変わる．しかし，式 (6.3.4) の左辺は同じなので，その値は変わらない．なお，式 (6.3.4) の値は，$\triangle \mathrm{AOP}$ の OP を底辺としたときの高さである．k が 1 より小さくなるにつれて，磁場によって曲げられた荷電粒子が集まる点 Q は，図 6.3.3 の点 P の位置から移動してゆく．

(4) k が 1 より小さくなっていくとき，点 Q が移動してゆく様子を示せ．

▶ 解   振れ角 θ は変化しないので，式 (6.3.1) より $mv_0{}^2$ も不変である．よって質量が k 倍になると v_0 は $\underset{\text{キ}}{\dfrac{1}{\sqrt{k}}}$ 倍になる．このとき mv_0 は $\sqrt{k}$ 倍になるので，式 (6.3.2) より振れ角 ϕ は $\underset{\text{ク}}{\dfrac{1}{\sqrt{k}}}$ 倍になる．

(4) 電場による振れ角 θ，電場と磁場の距離 $d = \overline{\mathrm{OA}}$ は定数なので，式 (6.3.4) より

$$\ell \cdot (\phi - 2\theta) = \text{一定} \tag{6.3.5}$$

となる．k が 1 より小さくなるとき ϕ が大きくなるので，式 (6.3.5) より ℓ は小さくなることがわかる．(3) の関係式は点 P が点 Q になっても同様に成り立つので，点 Q は OP 上を O に向かって移動していくことになる（図 6.3.6）．

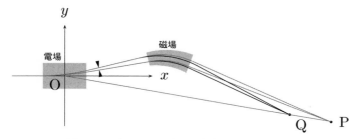

図 **6.3.6** 点 Q は OP を結ぶ直線上で O と P の間

6.4 光は波か，粒子か

　光は反射したり，屈折したり，回折や干渉などの性質をもつ．これらは，光が波であることを示している．一方で，アインシュタインが唱えた光量子仮説は，光が粒子のように振る舞い，最小単位として光子（フォトン）は，振動数に応じたエネルギーをもつと考えることで，光電効果を説明した．

　これらはどちらも正しいことがわかっている．光は波であり，粒子である．しかし，これは両立しえない矛盾も引き起こす．その問題については，この節の最後で説明しよう ▶コラム 13 ．

■光は波である：ヤングの実験　　　　　　　　　　　　　　　　　　　　★☆☆
　まずは，ヤングの 2 重スリットの実験を考えてみよう．これは，2 つのスリットから出た光が干渉する現象であり，光が波であることを端的に示す実験である．

問題 6.4.1
　図 6.4.1 のように，レーザー光を 2 重スリットに照射し，そのスリット S_1, S_2 （スリット間の距離を $2d$ とする）を通過した 2 つの光が，離れたところにあるスクリーンで干渉する様子を調べる．スリット S_1, S_2 の中点 O からスクリーンに下ろした垂線の足を O′ とする．OO′ の長さ ℓ は，d に比べて十分に長い．また，スクリーン上では，原点を O′ として OO′ と垂直で S_1S_2 に平行な方向に x 軸をとる．

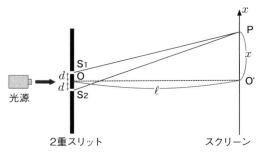

図 **6.4.1**　2 重スリットとスクリーンの配置

　スクリーン上の点 P の位置を x とする．レーザー光の 2 つの経路 S_1P と S_2P の長さをそれぞれ L_1, L_2 として，経路差を計算しよう．

$$L_1 = \sqrt{\ell^2 + (x-d)^2} = \ell\sqrt{1 + \left(\frac{x-d}{\ell}\right)^2} \tag{6.4.1}$$

$$L_2 = \sqrt{\boxed{\quad \text{ア} \quad}} \tag{6.4.2}$$

であるから，$|\varepsilon| \ll 1$ のときに成り立つ近似式

$$(1+\varepsilon)^n \fallingdotseq 1 + n\varepsilon$$

を用いると，

$$L_2 - L_1 = \boxed{\quad \text{イ} \quad} \tag{6.4.3}$$

となる．光の波長を λ とすると，スクリーン上で明るくなる位置 x_{B} は，整数 n を用いて，

$$x_{\mathrm{B}} = \boxed{\quad \text{ウ} \quad}, \quad n = 0, \pm 1, \pm 2, \ldots$$

となり，スクリーン上の明線間隔 Δx は，$\boxed{\quad \text{エ} \quad}$ となる．

(1) 光源がレーザー光ではなく白色光だとすると，明線はどのようになるか．

(2) 赤色レーザー光で実験を行うときと，緑色レーザー光で実験を行うときでは，明線間隔はどう違うか．

▶ **解**　三平方の定理を用いて $L_2 = \underbrace{\sqrt{(x+d)^2 + \ell^2}}_{\text{ア}}$.

近似式を用いると，

$$L_1 \fallingdotseq \ell\left(1 + \frac{1}{2}\left(\frac{x-d}{\ell}\right)^2\right), \quad L_2 \fallingdotseq \ell\left(1 + \frac{1}{2}\left(\frac{x+d}{\ell}\right)^2\right)$$

より，

$$L_2 - L_1 = \underbrace{\frac{2xd}{\ell}}_{\text{イ}}$$

2 つの光が強め合うのは，行路差が半波長の偶数倍のときなので，

$$\frac{2xd}{\ell} = 2n\frac{\lambda}{2}, \quad n = 0, \pm 1, \pm 2, \ldots$$

これより，

$$x_{\mathrm{B}} = \underbrace{\frac{\lambda\ell}{2d}n}_{\text{ウ}}, \quad n = 0, \pm 1, \pm 2, \ldots$$

ウより $\Delta x = \underbrace{\frac{\lambda\ell}{2d}}_{\text{エ}}$.

(1) 中央の O′ は白色に明るくなるが，第 1 番目 ($n = \pm 1$) の明線は，紫色が最も O′ に近い側に，赤色が O′ から遠い側に現れる．

(2) 赤色レーザー光より緑色レーザー光の方が波長が短いので，緑色レーザー光のときの方が，明線の間隔は狭い．　　　　　　　　　　　　　　　　　　　　　　　□

問題 6.4.2

問題 6.4.1 で，スクリーン上の明線の明るさを調べてみる．スリット S_1, S_2 から

は，同じ位相で同じ振幅の波が出てくるとしよう．この波を A を振幅，c を光速とし
て，時間 t の関数 $A\sin\left(\dfrac{2\pi c}{\lambda}t\right)$ と表す．

スリット S_1, S_2 から，スクリーン上の点 P に到達する光の振動を y_1, y_2 とすると，

$$y_1 = A\sin\left[\frac{2\pi c}{\lambda}\left(t - \frac{L_1}{c}\right)\right] \tag{6.4.4}$$

$$y_2 = A\sin\left[\frac{2\pi c}{\lambda}\left(t - \boxed{\text{オ}}\right)\right] \tag{6.4.5}$$

であり，点 P で重ね合わせた振動は，三角関数の和積の公式

$$\sin\alpha + \sin\beta = 2\sin\left(\frac{\alpha+\beta}{2}\right)\cos\left(\frac{\alpha-\beta}{2}\right)$$

を用いると，$|L_1 - L_2| = \Delta L$ として，

$$y_1 + y_2 = \boxed{\text{カ}}\sin\left[\frac{2\pi c}{\lambda}\left(t - \frac{L_1+L_2}{2}\right)\right] \tag{6.4.6}$$

となる．時間を含まない $\boxed{\text{カ}}$ の部分は振幅と見なすことができる．スクリーン
上の光の明るさ（or 像の明るさ）$B(x)$ は振幅の 2 乗に比例するので

$$B(x) \propto (\boxed{\text{カ}})^2 = 4A^2\cos^2\left[\boxed{\text{キ}}\right] \tag{6.4.7}$$

となる．スクリーン上で，中央の O' から n 番目の明線の位置を x_n とすれば（中央
を $n = 0$ とする），前問の $\boxed{\text{イ}}$ を用いて，

$$x_n = \boxed{\text{ク}}$$

となる．

(3) スクリーン上で，O' から n 番目の明線の明るさを表せ．

▶ **解**   式 (6.4.4) と同様に $\underset{\text{オ}}{\dfrac{L_2}{c}}$．

$y_1 + y_2 = 2A\cos\left[\dfrac{2\pi c}{\lambda}\dfrac{\Delta L}{2c}\right]\sin\left[\dfrac{2\pi c}{\lambda}\left(t - \dfrac{L_1+L_2}{2}\right)\right]$ となるので，$\underset{\text{カ}}{\underline{2A\cos\left(\dfrac{\pi}{\lambda}\Delta L\right)}}$．

カより明らかに $\underset{\text{キ}}{\underline{\dfrac{\pi\Delta L}{\lambda}}}$．

イより，$\Delta L = \dfrac{2xd}{\ell}$ であり，合成光の強さはキの値が $n\pi$ であれば強くなる．つま
り，強め合う位置 x_n は

$$\frac{\pi}{\lambda}\frac{2x_n d}{\ell} = n\pi$$

したがって，$x_n = \underset{\text{ク}}{\underline{\dfrac{\lambda\ell}{2d}n}}$ となって，ウに一致する．

(3) $B(x_n) = 4A^2$ となるので，一定値であり，n によらない．   □

実際に実験してみると，スクリーン上の明線の明るさは，O' から離れると暗くなる．これは，離れるほどスクリーンへの入射角度が大きくなり，単位面積当たりの光量が減るからである．

■ 光は粒子である：宇宙ヨット ★☆☆

原子による光の放出や吸収，光電効果やコンプトン散乱など，光を粒子（光子）として考えると矛盾なく説明できる現象がある．振動数 ν の光は，光速 c と波長 λ との間に波としての関係式

$$c = \nu\lambda \tag{6.4.8}$$

が成り立ち，これより光子のもつエネルギー E，運動量 p は，プランク定数 h を用いて

$$E = h\nu = \frac{hc}{\lambda}, \quad p = \frac{h}{\lambda} = \frac{h\nu}{c} = \frac{E}{c} \tag{6.4.9}$$

と書ける．

問題 6.4.3

光速を $c = 3.00 \times 10^8$ m/s，プランク定数を $h = 6.63 \times 10^{-34}$ J·s とする．

太陽が周囲に放出するエネルギーを W〔J/s〕とする．太陽から距離 r〔m〕の位置で，太陽光の進む向きに垂直な 1 m^2 の面に降り注ぐエネルギーは，1 秒間当たり， ケ となる．

(4) 地球は太陽から $r = 1.50 \times 10^{11}$ m 離れている．この位置で太陽に向いた 1 m^2 の面に降り注ぐエネルギーは，1 秒当たり 1.37×10^3 J であることが知られていて，この値を**太陽定数**という．太陽は 1 秒間当たりどれだけのエネルギーを放出していることになるか．

太陽から降り注ぐ光の波長がすべて 5.00×10^{-7} m（緑色）であるとするとき，太陽光の光子 1 つがもつエネルギーは コ であり，光子 1 つがもつ運動量 p は サ である．したがって，地球の位置では 1 m^2 の面に，毎秒 $N =$ シ 個の光子が当たることになる．

地球の公転軌道上の宇宙空間に面積 S〔m^2〕の帆をもった宇宙船を作る．太陽から飛んでくる光子がこの帆に衝突すると，光子は完全に吸収されて，光子のもつ運動量がすべて宇宙船に与えられるとする．$S = 1$ m^2 のとき，光子が 1 秒間に宇宙船に与える運動量（力積）pN は ス となる．したがって，1 秒間当たり帆が受ける力 $F = pN$ を推進力にする宇宙船を考えることができる．

(5) $S = 196$ m^2 の帆をもつ，質量 310 kg の宇宙船を考える．帆から受ける推進力で生じる加速度は，どれだけか．

▶ **解**

ケ $\dfrac{W}{4\pi r^2}$

(4) $W = 4\pi \times (1.50 \times 10^{11})^2 \times 1.37 \times 10^3 = 3.87 \times 10^{26}$ J

コ $E = \dfrac{hc}{\lambda} = \dfrac{6.63 \times 10^{-34} \times 3.00 \times 10^8}{5.00 \times 10^{-7}} = 3.98 \times 10^{-19}$ J

サ $p = \dfrac{E}{c} = \dfrac{3.98 \times 10^{-19}}{3.00 \times 10^8} = 1.33 \times 10^{-27}$ J·s/m

シ $N = \dfrac{1.37 \times 10^3}{3.98 \times 10^{-19} \text{J}} = 3.44 \times 10^{21}$ 個

ス $pN = 1.33 \times 10^{-27} \times 3.44 \times 10^{21} = 4.58 \times 10^{-6}$ J·s/m

(5)   1秒間で, $S = 196\,\mathrm{m}^2$ の帆が受ける力 F は, $F = 4.58 \times 10^{-6} \times 196 = 8.98 \times 10^{-4}$ N.
質量 310 kg の宇宙船に生じる加速度は, $\dfrac{8.98 \times 10^{-4}}{310} 2.90 \times 10^{-6}\,\mathrm{m/s^2}$ である. □

とても小さい値だが, 宇宙空間では空気抵抗がないため, この加速度が継続することになり, 宇宙船が太陽に対して止まった状態だったとしても, 1 日後には 0.250 m/s, 1 年後には 91.5 m/s の速さ になる. (5) の宇宙船の数値は, 日本が宇宙ヨット実証機として 2010 年に打ち上げたイカロスの帆の大きさ (一辺 14 m の正方形) と質量である. イカロスは太陽光を受けて光子加速が可能であることを示した. そのときの加速度の大きさは, $3.6 \times 10^{-6}\,\mathrm{m/s^2}$ であった. ここでの計算値より大きいのは, 帆に当たった光子には反射されるものもあり, その場合は帆が受ける力積が大きくなるためと考えられる. なお, イカロス (IKAROS) とは Interplanetary Kite-craft Accelerated by Radiation Of the Sun から採った略称である (ギリシャ神話に登場する, 翼を備えた人物の名前であるが, よくテクノロジー批判の代名詞としても用いられる).

■星の光を認識できるのは?   ★☆☆
次の問題は, 有効数字 1 桁で, 見積もってみよう.

問題 6.4.4

太陽が約 10 光年 ($= 1 \times 10^{17}$ m) 先にあれば, 2 等星ほどの明るさになる. 以下では, 太陽と同じ光度の星 S が 10 光年先にあったとしよう.

人間の視細胞の中で光を感じる部分の面積 A は, およそ $A = 4 \times 10^{-18}\,\mathrm{m}^2$ であり, 10^{-20} J ほどのエネルギーで分子が反応を起こして光を感じるという.

星 S からの光のエネルギーは, 面積 A 当たり, 1 秒間に $\boxed{\text{セ}}$ となり, 光が連続的に伝わってくる波であると考えれば, 反応が起きるまでには長い時間を要することになって, 星の光が見える説明ができない. ところが, 光が粒子 (光子) であるとすれば, 1 つ 1 つの光子がエネルギーを運んでくると考えることができる. 振動数 5×10^{14} Hz の可視光に対応する光子のもつエネルギーは, $\boxed{\text{ソ}}$ となり, このエネルギーが視細胞を瞬時に刺激することが可能になる. 1 つ 1 つの光子が飛び込む頻度は少ないが, 私たちは光を認識できるようになるのだ.

▶**解**　　1 m^2 当たり，1 秒間に入るエネルギーは，

$$\frac{W}{4\pi r^2} = \frac{3.8 \times 10^{26}}{4 \times 3.14 \times (10^{17})^2} = \frac{3.8}{4 \times 3.14} \times 10^{-8} = 3.03 \times 10^{-9} \ \text{J/(s·m}^2)$$

なので，視細胞 1 つ当たりに，1 秒間に入るエネルギーは，

$$3.03 \times 10^{-9} \times 4.0 \times 10^{-18} = \underline{1.2 \times 10^{-26} \ \text{J/s}}$$

　　光子 1 つがもつエネルギーは，$6.6 \times 10^{-34} \times 5.0 \times 10^{14} = \underline{3.3 \times 10^{-19} \ \text{J}}$.　　　□

　私たちは星を見るたびに光の粒子としての性質を感じていることになる．この問題では現実の視細胞を簡略化しているが，視細胞には，色弁別能がなく高感度な桿体と，色弁別能があり感度は少し落ちる錐体がある．大きさはおよそ直径 2 μm で，桿体は，可視光であれば光子 1 つから検出可能といわれている．光として認識できるのは光子 10 個程度以上からとされ，この感度は CCD カメラと同じレベルに達している．

　エネルギーがある値以上のときになって，はじめて反応が生じるようなとき，その境界となる値を閾値（threshold）という．光を波だと考えるとエネルギー密度分布が広がりすぎて視細胞の閾値を超えられない．光子と考えると，視細胞あたりに到達する頻度は減るが，閾値を超えることができる．視細胞がたくさんあれば，光として認識できることになる．

コラム 13（★★☆アインシュタインとボーアの大論争）

　20 世紀前半にできた**量子論**は，電子や光子などミクロなものを対象にした物理学だが，光が波であり，かつ粒子であることをどう理解したらよいのか，アインシュタインとボーアの二者の間で大論争が繰り広げられた.

　ヤングの実験で出現するスクリーン上の干渉縞は，光が波であることを示している．2 つのスリットから出た波が重なり合って，強め合ったり弱め合ったりするからだ．しかし，光の実体が粒子であるとすると，粒子ゆえに，スリットのどちらかを通過したことになり，干渉縞が生じる理由を説明できないことになる.

　このため，ボーアらは，量子論で描かれる粒子は，粒子ではあるものの，その位置や運動量の大きさを特定することに限界があり（**不確定性原理**），粒子が 2 重スリットを通過する際も一方のスリットを通過したことは明確に確認できず，確率的にしか解釈できない（**確率解釈**）として理論の構築を進めた．双方のスリットを通過した可能性が残れば，スクリーン上には光子の存在確率としての干渉縞が生じる，という理解である．どちらかのスリットを通過したことが判明した途端，干渉縞は消滅することになる．よく知られた「シュレーディンガーの猫」は，スリットのどちらかを粒子が通ったことが，「どの時点で」判明するのか，という確率解釈をめぐるパラドックスである．また，朝永振一郎は「光子の裁判」というタイトルの有名な一般向け解説を残している.

　これに対して真っ向から反対したのがアインシュタインだった．物理学の体系には因果関係が存在しなくてはならず，不確定性を根本原理として，確率でしか答えがでない理論はおかしい，という主張である．さらに，物理現象を議論するのに，観測者がその結論に登場するのはおかしい，という主張である．光電効果を説明するために，光量子説を唱えた本人であるにもかかわらず，アインシュタイン自身は量子論の根本的な解釈に異議を唱え続けた.

　よく知られた「アインシュタイン・ポドルスキー・ローゼン（EPR）のパラドックス」は，アインシュタインの立場で量子論の不完全性を指摘した思考実験である．その主張は次のものだ.

　　　1 つの粒子が分割して互いに十分遠方に飛び去ったとき，一方の粒子の状態がわかれば，私たちはもう一方の粒子の状態も保存則からわかるはずだ．しかし，量子論の立場では観測するまでは状態がわからず，しかも観測した直後にはもう一方の状態も判明するとしている．これは光速を超えて情報が伝播することを意味していて矛盾する.

アインシュタインは，物理的実在が存在し，それを観測するという立場である．これに対して，ボーアは，

　　　物理的実在の有無は重要ではなく，観測される現象を説明できるのが物理法則である.

という立場で，「相補性」という言葉でこの批判に応酬した.

　哲学的論争にも及んだアインシュタインとボーアだったが，合意に至ることはなかった．両人の死後，EPR のパラドックスの検証が実験で可能なことが示される．2022 年のノーベル物理学賞は，この実験を行ったアスペ，クラウザー，ツァイリンガーの 3 人が受賞した．現在では，EPR の主張が誤りで，量子は一方の状態が判明した途端に，他方の状態も確定することが確かめられている．量子もつれ（量子エンタングルメント）と呼ばれるこの現象は，量子コンピュータの要素として取り入れられている．ミクロの世界の現象は，私たちの日常感覚とはかなり違うようだ.

6.5 ボーアモデルの歴史的検討

■線スペクトルに潜む規則性 ★☆☆

原子が放出する光をプリズムで分光すると，とびとびの輝線が現れる．これを**線スペクトル**という．この線スペクトルの分布に潜む規則性の探究から原子の構造が解明された歴史を振り返ってみよう．

問題 6.5.1

1885 年にバルマーは，可視光領域にある水素原子の 4 つの線スペクトルの波長 λ が，次の式で与えられることを発見した．

$$\lambda = \frac{n^2}{n^2 - 4} \times B, \quad B = 3.6456 \times 10^{-7}\,\mathrm{m}, \quad n = 3, 4, 5, 6 \tag{6.5.1}$$

この式で計算される波長と，オングストロームによる測定値との差は，$0.0001 \times 10^{-7}\,\mathrm{m}$ 以下である．

一方，1890 年にリュードベリは，リチウム原子などの線スペクトルの波長の逆数が，次の式で表されることを見出した．

$$\frac{1}{\lambda} = \frac{1}{\lambda_\infty} - \frac{R}{(n + \mu)^2}, \quad n \text{ は自然数} \tag{6.5.2}$$

ここで λ_∞ と μ は定数である（水素原子では $\mu = 0$）．R は異なる原子でもほぼ同じ値で，リュードベリ定数と呼ばれている．式 (6.5.1) の逆数をとって $\mu = 0$ とした式 (6.5.2) と比較すると，$\lambda_\infty = B$ であることがわかる．

(1) リュードベリ定数 R を B を用いて表せ．

その後，水素原子の線スペクトルを構成する光の振動数 ν は，リュードベリ定数 R，光の速さ c と 2 つの自然数 n, n' を用い次の式で表されることが明らかになった．

$$\nu = \frac{c}{\lambda} = \frac{cR}{n'^2} - \frac{cR}{n^2}, \quad n' \text{ は自然数で，} n = n' + 1, n' + 2, n' + 3, \ldots \tag{6.5.3}$$

n' が線スペクトルの系列を定め，各系列中の光は $n = n' + 1, n' + 2, n' + 3, \ldots$ で表される．バルマーが見出した式 (6.5.1) は $n' = 2$ の系列の一部である．

▶**解**

(1) 式 (6.5.1) の逆数は

$$\frac{1}{\lambda} = \frac{n^2 - 4}{n^2 B} = \frac{1}{B} - \frac{4}{B} \cdot \frac{1}{n^2} \quad \Rightarrow \quad R = \frac{4}{B} \qquad \Box$$

■ **ボーアの仮説**   ★☆☆

ボーアは 2 つの仮説をもとに，水素原子の構造に関する考察を推し進めた．

問題 6.5.2

1904 年に長岡半太郎は，正に帯電した重い核のまわりを電子が土星の輪のように並んで周回しているとする原子模型を考案した．1911 年にラザフォードは，α 粒子が物質によって進路を大きく曲げられることがあるという事実を説明するため，原子の中心に非常に小さな核があり，その周りを電子が取り巻いているという原子模型を確立した．

(2) これらの原子模型には重大な欠点があると指摘されていた．その問題点を 1 つあげよ．

困難を回避するため，1913 年にボーアは水素原子に対して次の仮説を導入した．

(I) 電子は特定のエネルギーの状態でのみ原子内で存在できる．これを定常状態と呼ぶ．

(II) 電子がエネルギーの低い定常状態へ遷移すると，プランクの理論に基づく光が放出される．

定常状態を，エネルギーの低い方から順に番号 n をつけて区別し，定常状態のエネルギーを E_n〔J〕($n = 1, 2, 3, \ldots$) と表す．状態 n から n' への遷移に伴い放出される光の振動数を ν，プランク定数を h〔J·s〕とすると，(II) は次のように書ける．

$$E_n - E_{n'} = h\nu$$

式 (6.5.3) と比べると，水素原子の定常状態のエネルギー E_n は

$$E_n = -\frac{hcR}{n^2} \tag{6.5.4}$$

となることが予想される．

(3) 電子ボルト eV をエネルギーの単位として，$hc = 1.24 \times 10^{-6}$ eV·m とする．式 (6.5.1) で与えた B の値を用いて，水素原子の電離エネルギー ($-E_1$) を求めよ．

▶ **解**

(2) 問題点の一つは，電子が加速度運動すると電磁波が放出され，電子はエネルギーを失って核に向かって落ち込んでしまい，原子が潰れてしまうという問題である．また，電子が周回する軌道の大きさを決める原理がなく，同じ種類の原子が等しい大きさをもつことが説明できないという問題もある．ただし，長岡は多数の電子が等間隔に並んで円周上を共通の角速度で回転する土星型モデルでは，個々の電子が放出する電磁波が干渉によって打ち消され，安定に存在できると考えた．当時は水素原子中に沢山の電子が含まれていると漠然と考えられていた．

(3) $-E_1 = hcR = hc \times \dfrac{4}{B} = \dfrac{1.24 \times 10^{-6} \times 4}{3.65 \times 10^{-7}} \fallingdotseq 13.6$ eV   □

■ 定常状態の解析 ★☆☆

定常状態は，古典力学で記述されると考える．水素原子内の電子の運動を等速円運動として考察する．

問題 6.5.3

定常状態の水素原子では，電荷 $-e$，質量 m の電子が電荷 e の原子核（陽子）のまわりを，半径 r，速さ v で等速円運動しているとする．クーロンの法則の比例定数を k_0 とすると，運動方程式は次のようになる．

$$m\frac{v^2}{r} = k_0\frac{e^2}{r^2} \tag{6.5.5}$$

(4) 電子が円周上を 1s の間に周回する回数（周回数）$\nu_e = \dfrac{v}{2\pi r}$ を v を用いずに求めよ．

(5) 電子の運動エネルギーを K，無限遠点を基準とする静電気力による位置エネルギーを U とするとき，$K = -\dfrac{1}{2}U$ の関係があることを示せ．

水素原子の定常状態のエネルギー E_n は，電子の力学的エネルギー

$$K + U = \frac{1}{2}U = -K$$

に等しいと考える．そうすると，r と v はリュードベリ定数 R を用いて次のように求められる．

$$r = \frac{k_0 e^2}{\boxed{\ \mathcal{P}\ }} \times n^2, \quad v = \sqrt{\frac{\boxed{\ \mathcal{P}\ }}{m}} \times \frac{1}{n}$$

なお，(4) で求めた ν_e と E_n との間には，以下の関係がある．

$$\nu_e = \frac{1}{\pi k_0 e^2}\sqrt{\frac{2(-E_n)^3}{m}} \tag{6.5.6}$$

▶ 解

(4) 式 (6.5.5) より $v = \sqrt{\dfrac{k_0 e^2}{mr}}$ となるので，

$$\nu_e = \frac{v}{2\pi r} = \frac{1}{2\pi}\sqrt{\frac{k_0 e^2}{mr^3}}$$

周期 $\dfrac{1}{\nu_e}$ の 2 乗が半径 r の 3 乗に比例する（ケプラーの第 3 法則）．

(5)

$$K = \frac{1}{2}mv^2 = \frac{1}{2}m\cdot\frac{k_0 e^2}{mr} = \frac{1}{2}\frac{k_0 e^2}{r} = -\frac{1}{2}U$$

この関係から，電子の運動エネルギーが $\Delta\varepsilon$ 増加すると静電気力による位置エネルギーが $2\Delta\varepsilon$ 減少するため，力学的エネルギーが $\Delta\varepsilon$ 減少することがわかる．つまり，電子が電磁波を放出して力学的エネルギーを失い原子核に向かって落ち込んでいくと，電

子は加速して速くなっていく.

$$E_n = \frac{1}{2}U \quad \text{より} \quad -\frac{hcR}{n^2} = \frac{1}{2}\left(-k_0\frac{e^2}{r}\right) \quad \Rightarrow \quad r = \frac{k_0 e^2}{2hcR_{\mathcal{T}}} \times n^2$$

$$E_n = -K \quad \text{より} \quad -\frac{hcR}{n^2} = -\frac{1}{2}mv^2 \quad \Rightarrow \quad v = \sqrt{\frac{2hcR_{\mathcal{T}}}{m}} \times \frac{1}{n}$$

なお, $E_n = \frac{1}{2}\left(-k_0\frac{e^2}{r}\right)$ を r について解いた式 $r = \frac{k_0 e^2}{2(-E_n)}$ より, 次のように式 (6.5.6) が得られる.

$$\nu_{\mathrm{e}} = \frac{1}{2\pi}\sqrt{\frac{k_0 e^2}{mr^3}} = \frac{1}{\pi k_0 e^2}\sqrt{\frac{2(-E_n)^3}{m}} \qquad \square$$

■古典力学との対比   ★★☆

定常状態を識別する自然数 n を量子数という. 量子数が小さな状態は, ミクロの世界特有の性質をもち, マクロな世界とはかけ離れている. しかし, 量子数が大きくなってくると, マクロな世界と共通の性質をもつようになるとボーアは考えた. この考え方を対応原理と呼ぶ. ボーアは対応原理を巧みに用いることでミクロな世界の解明に挑んだ.

問題 6.5.4

n を大きな自然数とし, エネルギー $E_{n+\ell}$, $\ell = 1, 2, 3, \ldots$ の定常状態から E_n の定常状態へ遷移するときに放出される光の振動数 ν を, 式 (6.5.4) を用いて計算してみよう. ε が 1 に比べて小さいとき $(1+\varepsilon)^\alpha \fallingdotseq 1 + \alpha\varepsilon$ となることを用いると

$$\nu = \frac{E_{n+\ell} - E_n}{h} = cR\left\{\frac{1}{n^2} - \frac{1}{(n+\ell)^2}\right\}$$

$$= \frac{cR}{n^2}\left\{1 - \left(1 + \frac{\ell}{n}\right)^{-2}\right\} \fallingdotseq \boxed{\quad \text{イ} \quad} \times \ell$$

となる. これは, 振動数 $\boxed{\text{イ}}$ を基準振動の振動数とすると, その ℓ 倍振動の光が放出されることを意味している. $\boxed{\text{イ}}$ を ν_0 とし, 式 (6.5.4) から n を求めて代入すると, 次のようになる.

$$\nu_0 = 2\sqrt{\frac{(-E_n)^3}{h^3 cR}} \qquad (6.5.7)$$

原子から放出された光の振動数は, 電子の周回数 ν_{e} と関係していると考えるのが自然である. そこで, このようにして求めた光の振動数 ν_0 が ν_{e} に等しいとおいてみよう. そうすると, リュードベリ定数 R を他の物理量から計算できる. こうして得られた理論値はリュードベリの式 (6.5.2) から得られる R の測定値と一致する.

(6) 式 (6.5.6), (6.5.7) からリュードベリ定数 R を求めよ.

▶**解** $\left(1+\dfrac{\ell}{n}\right)^{-2} \fallingdotseq 1 - 2\dfrac{\ell}{n}$ より，$\nu \fallingdotseq \dfrac{2cR}{n^3} \times \ell$

両端を固定した長さ L の弦の固有振動を考えてみよう．n 倍振動の波長を λ_n とすれば，$\dfrac{\lambda_n}{2} \times n = L$ が成り立つ．n 倍振動の振動数 ν_n は，波の伝わる速さを c として $\nu_n = \dfrac{c}{\lambda_n} = \dfrac{c}{2L} \times n$ となり，基準振動の振動数 $\nu_1 = \dfrac{c}{2L}$ の n 倍となる．ところが，式 (6.5.3) はそのようにはなっていない．原子のようなミクロな世界の物理法則は，マクロな世界のそれとはかけ離れたものであることが推測される．

ここでボーアは，n が大きくなってくると，マクロな世界へとつながるのではないかと考えたのである．実際，状態 $n+\ell$ から状態 n へ遷移するときに放出される光の振動数は ℓ に比例することが示されたのである．

式 (6.5.4) から n を求めると $n = \sqrt{\dfrac{hcR}{(-E_n)}}$ となり，

$$\nu_0 = \frac{2cR}{n^3} = 2cR\sqrt{\left\{\frac{(-E_n)}{hcR}\right\}^3} = 2\sqrt{\frac{(-E_n)^3}{h^3cR}}$$

となる．

(6) $\nu_0 = \nu_{\mathrm{e}}$ より，$2\sqrt{\dfrac{(-E_n)^3}{h^3cR}} = \dfrac{1}{\pi k_0 e^2}\sqrt{\dfrac{2(-E_n)^3}{m}}$．これを解いて

$$R = \frac{2\pi^2 m\,(k_0 e^2)^2}{h^3 c}$$

と求まる．定常状態のエネルギーは R を代入すると，

$$E_n = -\frac{hcR}{n^2} = -\frac{2\pi^2 m(k_0 e^2)^2}{h^2} \times \frac{1}{n^2}$$

となる． □

また，先に求めた r, v の式に R を代入すると，

$$r = \frac{h^2}{4\pi^2 m k_0 e^2} \times n^2, \quad v = \frac{2\pi k_0 e^2}{h} \times \frac{1}{n}$$

これらの式を用いて電子の角運動量と呼ばれる物理量（面積速度の 2 倍に質量を掛けたもの）を計算すると，

$$mvr = n\frac{h}{2\pi}$$

が得られる．この式の右辺には電子の質量 m，静電気力に関わる量である $k_0 e^2$，が含まれず，プランク定数 h だけが現れている．その意味で，ミクロの世界を考察するときの手がかりとなる式であり，**ボーアの量子条件**と呼ばれている．ボーアはその後の研究において，この式を議論のよりどころとした．

量子条件はしばしば

$$2\pi r = n\frac{h}{mv}$$

と書き表される．右辺の $\dfrac{h}{mv}$ は電子の**物質波**（ド・ブロイ波）の波長で，その整数 n 倍が円周の長さ $2\pi r$ に等しいことが円周上に定常波ができる条件であると解釈される．直感的に理解しやすく，高校の教科書でもこの説明が採用されているが，楕円軌道を描くとしたらどうなるかとの考察には使えない（角運動量は面積速度に比例し，楕円軌道でも一定の値となる）．そもそも，ド・ブロイが物質波の考え方を提唱したのは，ボーアが原子モデルを提唱した 11 年後の 1924 年のことである．

6.6 中性子の発見

1930 年,ボーテとベッカーは,ポロニウムから出る α 線(エネルギー 5.3 MeV)をベリリウム(原子番号 4)に照射すると,ベリリウムから透過力の極めて強い放射線が放出されることを見つけた.彼らはその正体はエネルギーの大きい γ 線であろうと推測した.その後しばらく,この放射線はベリリウム線と呼ばれていた.

■謎の放射線は γ 線か?   ★★☆

1931 年,ジョリオ・キュリー夫妻はベリリウム線を詳しく調べ,鉛の板を透過する際に減衰する割合からこれを γ 線と考えると,そのエネルギーは 15〜20 MeV 程度であると結論づけた.これはベリリウムに照射した α 線のエネルギー 5.3 MeV の 3〜4 倍である.照射した α 線よりも大きなエネルギーの γ 線が放出されることは,エネルギー保存則が成り立たないように見える奇妙な結果である.さらに,水素を多量に含むパラフィンにベリリウム線を貫通させると,放射線の電離作用がかえって強くなることを発見した.詳しく調べると,ベリリウム線の照射によりパラフィンから陽子が放出されていることがわかった.その運動エネルギーはおよそ 4.5 MeV であった(図 6.6.1).

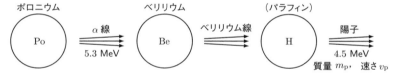

図 **6.6.1** ベリリウムに照射・放出される放射線とエネルギー

問題 6.6.1

ベリリウム線を波長 λ の γ 線であると仮定する.γ 線が静止した陽子と衝突して 4.5 MeV の運動エネルギーを与えるとき,γ 線のエネルギーがどれくらいであるか計算してみよう.陽子の質量を m_{p},衝突後の γ 線の波長を λ' とする.陽子のエネルギーが最大になるのは,γ 線が衝突前の進行方向と逆向きにはね返されて進むときである.このとき,陽子は衝突前に γ 線が進んでいたのと同じ向きに速さ v_{p} ではね飛ばされたとする.運動量とエネルギーが保存されるとすれば,プランク定数を h,光速を c として,

$$\frac{h}{\lambda} = \boxed{\quad \text{ア} \quad} + m_{\mathrm{p}} v_{\mathrm{p}} \tag{6.6.1}$$

$$\frac{hc}{\lambda} = \boxed{\quad \text{イ} \quad} + \frac{1}{2} m_{\mathrm{p}} v_{\mathrm{p}}{}^2 \tag{6.6.2}$$

が成り立つ. $E_\mathrm{p} = \frac{1}{2} m_\mathrm{p} v_\mathrm{p}^2$ とおく. 陽子の静止エネルギー $m_\mathrm{p} c^2$ はおよそ $938\,\mathrm{MeV}$ であるが, 以下ではこれを $900\,\mathrm{MeV}$ として, 有効数字 1 桁で答えよ.

(1) $E_\mathrm{p} = 4.5\,\mathrm{MeV}$ の陽子の速さ v_p は光の速さ c の何倍か, 有効数字 1 桁で答えよ.

(2) γ 線のエネルギー $\varepsilon_\lambda = \dfrac{hc}{\lambda}$ を陽子の運動エネルギー E_p を用いて表す式を作れ.

(3) ε_λ を有効数字 1 桁で求めよ.

▶ **解**　　運動量と運動エネルギーが保存する.
$$\frac{h}{\lambda} = \underset{\mathcal{T}}{\underline{-\frac{h}{\lambda'}}} + m_\mathrm{p} v_\mathrm{p}, \qquad \frac{hc}{\lambda} = \underset{\mathcal{A}}{\underline{\frac{hc}{\lambda'}}} + \frac{1}{2} m_\mathrm{p} v_\mathrm{p}^2$$

(1) 運動エネルギーと静止エネルギーを比較する.
$$\frac{\frac{1}{2} m_\mathrm{p} v_\mathrm{p}^2}{m_\mathrm{p} c^2} = \frac{1}{2} \left(\frac{v_\mathrm{p}}{c} \right)^2 = \frac{4.5\,\mathrm{MeV}}{900\,\mathrm{MeV}} = \frac{1}{2} \times 10^{-2} \quad \Rightarrow \quad \frac{v_\mathrm{p}}{c} = 1 \times 10^{-1}$$

陽子の速さが光の速さに近づくと, 特殊相対性理論による効果を考慮しなければならない. いまの場合, この効果は $\left(\dfrac{v_\mathrm{p}}{c} \right)^2 = 10^{-2}$, すなわち 1% 程度なので無視してよい.

(2) 式 (6.6.1), (6.6.2) から λ' を消去すると, $\dfrac{2hc}{\lambda} = m_\mathrm{p} v_\mathrm{p} c + \dfrac{1}{2} m_\mathrm{p} v_\mathrm{p}^2$ となる.
$$v_\mathrm{p} = \sqrt{\frac{2E_\mathrm{p}}{m_\mathrm{p}}} \quad \Rightarrow \quad \varepsilon_\lambda = \sqrt{\frac{m_\mathrm{p} c^2 E_\mathrm{p}}{2}} + \frac{E_\mathrm{p}}{2}$$

(3) $\varepsilon_\lambda = \sqrt{\dfrac{900\,\mathrm{MeV} \times 4.5\,\mathrm{MeV}}{2}} + \dfrac{4.5\,\mathrm{MeV}}{2} = 45\,\mathrm{MeV} + 2.25\,\mathrm{MeV} \fallingdotseq 5 \times 10\,\mathrm{MeV}$

この値は, ジョリオ・キュリー夫妻が推定した 15〜20 MeV とは合わない.　　　　□

■ **謎の放射線は中性粒子か?**　　　　　　　　　　　　　　　　　★★☆

問題 6.6.2

ベリリウム線を質量 M の電荷をもたない未知の中性粒子であると仮定してみよう. この粒子が速さ V で陽子と衝突し, 衝突前の進行方向と逆向きに速さ V' ではね返される場合を考える. この場合には, 運動量とエネルギー保存の法則として,
$$MV = -MV' + m_\mathrm{p} v_\mathrm{p} \tag{6.6.3}$$
$$\frac{1}{2} MV^2 = \frac{1}{2} MV'^2 + \frac{1}{2} m_\mathrm{p} v_\mathrm{p}^2 \tag{6.6.4}$$
が成り立つ. 式 (6.6.3), (6.6.4) から V' を消去すると,
$$V = \frac{M + m_\mathrm{p}}{2M} v_\mathrm{p} \tag{6.6.5}$$

となる. ここで, $E_X = \dfrac{1}{2}MV^2$ とおく.

(4) $E_X = \left\{ \dfrac{1}{2} + \dfrac{1}{4}\left(\dfrac{m_p}{M} + \dfrac{M}{m_p}\right) \right\} E_p$ となることを示せ.

(5) $E_X \geqq E_p$ であることを示せ.

▶ 解

(4) 式 (6.6.5) を用いて E_X と E_p との比を計算する.

$$\frac{E_X}{E_p} = \frac{\frac{1}{2}MV^2}{\frac{1}{2}m_p v_p^2} = \frac{(M + m_p)^2}{4m_p M} = \frac{M}{4m_p} + \frac{1}{2} + \frac{m_p}{4M} = \frac{1}{2} + \frac{1}{4}\left(\frac{m_p}{M} + \frac{M}{m_p}\right)$$

(5) 相加平均・相乗平均の関係から

$$\frac{m_p}{M} + \frac{M}{m_p} \geqq 2\sqrt{\frac{m_p}{M} \cdot \frac{M}{m_p}} = 2 \quad \Rightarrow \quad E_X \geqq \left(\frac{1}{2} + \frac{1}{4} \cdot 2\right) E_p = E_p$$

次のように, E_X と E_p の差から示すこともできる.

$$E_X - E_p = \frac{1}{2}MV^2 - \frac{1}{2}m_p v_p^2 = \left\{ \frac{(M + m_p)^2}{8M} - \frac{m_p}{2} \right\} v_p^2$$

$$= \frac{(M - m_p)^2}{8M} v_p^2 \geqq 0 \qquad \qquad \Box$$

■ 中性子の発見 ★★☆

(5) の結果は E_X が $E_p = 4.5\,\mathrm{MeV}$ 程度まで小さくなりうることを示している. もしベリリウムに照射された α 線のエネルギー $5.3\,\mathrm{MeV}$ より小さくなれば, エネルギー保存則に関する疑問も解消する.

問題 6.6.3

E_X の値は未知の中性粒子の質量 M によって変化する. V が測定できれば式 (6.6.5) から M を計算できるが, V を測ることは難しい.

(6) 中性粒子の性質を調べることが難しい理由を簡潔に説明せよ.

▶ 解

(6) 中性粒子は電荷をもたないので電離作用が極めて弱く, 物質を容易に貫通してしまい, 痕跡を残さないため. $\qquad \Box$

問題 6.6.4

1932 年, チャドウィックはパラフィンに変えて窒素にベリリウム線を照射し, はね飛ばされた窒素原子核の速さ v_N を測定した. 窒素原子核の質量を m_N とすれば, 式 (6.6.5) に対応する V を表す式を, m_N, v_N を用いて 作ることができる. $m_N = 14m_p$

とする.

(7) M と m_{p} との比の値 $\dfrac{M}{m_{\mathrm{p}}}$ を v_{N}, v_{p} を用いて求めよ.

▶解

(7) 式 (6.6.5) より

$$V = \frac{M + m_{\mathrm{p}}}{2M} v_{\mathrm{p}} = \frac{M + m_{\mathrm{N}}}{2M} v_{\mathrm{N}} \quad \Rightarrow \quad \frac{M + m_{\mathrm{p}}}{m_{\mathrm{p}}} v_{\mathrm{p}} = \frac{M + 14 m_{\mathrm{p}}}{m_{\mathrm{p}}} v_{\mathrm{N}}$$

$$\Rightarrow \quad \frac{M}{m_{\mathrm{p}}} = \frac{14 v_{\mathrm{N}} - v_{\mathrm{p}}}{v_{\mathrm{p}} - v_{\mathrm{N}}} = \frac{14 - \dfrac{v_{\mathrm{p}}}{v_{\mathrm{N}}}}{\dfrac{v_{\mathrm{p}}}{v_{\mathrm{N}}} - 1} \qquad \square$$

チャドウィックは $\dfrac{v_{\mathrm{p}}}{v_{\mathrm{N}}} = \dfrac{3.3 \times 10^9 \ \mathrm{cm/s}}{4.7 \times 10^8 \ \mathrm{cm/s}}$ となることを見出し,M の値が m_{p} の 1.15 倍となると結論づけた.この値を用いると $E_{\mathrm{X}} \fallingdotseq 4.5\,\mathrm{MeV}$ となり,ポロニウムから飛び出す α 線のエネルギー $5.3\,\mathrm{MeV}$ よりも小さい.その後,ベリリウム線が陽子とほぼ同じ質量で電荷をもたない中性子(1920 年にラザフォードがその存在を予言していた)の流れであると考えると,いろいろな現象が自然な形でうまく説明できることがわかった.なお,現代の精密測定によれば,中性子の質量は陽子の質量のおよそ 1.001 倍である.

問題 6.6.5

α 粒子を $^4_2\mathrm{He}$,ベリリウム原子核を $^9_4\mathrm{Be}$,中性子を $^1_0\mathrm{n}$ と表す.原子番号 6 は炭素 C である.

(8) α 粒子とベリリウム原子核が反応して中性子を放出する過程の核反応式を示せ.

▶解

(8) $^4_2\mathrm{He} + {}^9_4\mathrm{Be} \rightarrow {}^{12}_6\mathrm{C} + {}^1_0\mathrm{n}$ $\qquad \square$

6.7 超音波の粒子性

■動く壁での波の反射　　　　　　　　　　　　　　　　　　　　　★★☆

　動く壁で波が反射すると波長が変化する．壁が動きながら波を観測し，同時に動きながら波を発していると見なせば，ドップラー効果によるものと考えられる．

問題 6.7.1

　平面の壁がその法線の向きに一定の速さ v で動いている．図 6.7.1 に示したように，波長 λ，速さ c の平面波が入射角 θ でこの壁に当たり，速さは c のまま波長が λ' に変化して反射角 θ' の向きに進む平面波となった．図 6.7.1 には位相が 2π ずつずれた波面を描いてある．この図からわかるように，壁上の 2 点 A, B では位相が 2π ずれている．

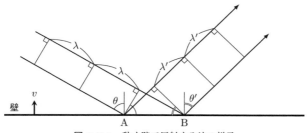

図 **6.7.1**　動く壁で反射する波の様子

(1) AB 間の長さを λ, θ を用いて表せ．
(2) λ' を λ, θ, θ' を用いて表せ．

▶**解**

(1) $\mathrm{AB}\sin\theta = \lambda$ より $\mathrm{AB} = \dfrac{\lambda}{\sin\theta}$．

(2) $\mathrm{AB}\sin\theta' = \lambda'$ でもあるので，$\mathrm{AB} = \dfrac{\lambda'}{\sin\theta'} = \dfrac{\lambda}{\sin\theta}$ が成り立つ．よって，

$$\lambda' = \frac{\sin\theta'}{\sin\theta}\lambda \tag{6.7.1}$$

□

問題 6.7.2

　反射による波長の変化を，壁が速さ v で動いていることを考慮して求めてみよう．図 6.7.2, 6.7.3 に示したように，壁上の点 P は，Δt の間に，$v\Delta t$ だけ動いて点 Q に達する．図 6.7.2 では以下の考察に便利なように，入射波が壁を通過して直進すると

考えたときの図を描いてある（図 6.7.3 も同様）．

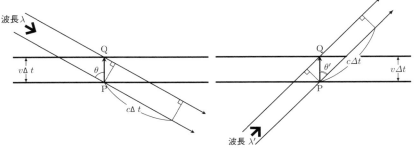

図 **6.7.2** 壁に入射する波（入射角 θ）　　　図 **6.7.3** 壁から反射する波（反射角 θ'）

　点 P において入射波が 1 回振動したとき，波が 1 個通過したと考えることとする．壁が動いていないときには，Δt の間に点 P を通過する入射波の波の数は $\dfrac{c\Delta t}{\lambda}$ である．実際にはこの間に壁は，$v\Delta t$ だけ動くので，点 P を通過する入射波の波の数はこれより多くなる．

(3) Δt の間に点 P を通過する入射波の波の数を求めよ．

(4) 同様の考察により，Δt の間に点 P を通過する反射波の波の数を求めよ．

(5) λ' と θ' がみたす関係式で，問題 6.7.1 (2) とは別の新たなものを求めよ．

▶ 解

(3) 図 6.7.2 より，$\dfrac{c\Delta t + v\Delta t \cos\theta}{\lambda} = \dfrac{c + v\cos\theta}{\lambda}\Delta t$．

(4) 図 6.7.3 より，$\dfrac{c\Delta t - v\Delta t \cos\theta'}{\lambda'} = \dfrac{c - v\cos\theta'}{\lambda'}\Delta t$．

(5) 点 P を通過する入射波と反射波の波の数は同じであるから (3) と (4) の答えは等しい．ゆえに

$$\lambda' = \frac{c - v\cos\theta'}{c + v\cos\theta}\lambda \tag{6.7.2}$$

□

式 (6.7.1), (6.7.2) より反射波の波長 λ' と反射角 θ' が決まる．

■超音波によるレーザー光線の反射 ★★☆

　超音波に斜めからレーザー光線を当てると，特別な向きに照射したとき強い反射が起こる．超音波は媒質の密度変化が伝わる波であるが，密度変化に応じて屈折率も周期的に変化する．ここにレーザー光線が当たると超音波の特定の位相面で反射が生じて干渉を起こし，ある特定の反射角の向きで強め合うと考えられる．

問題 6.7.3

波長 ℓ, 速さ v の超音波が媒質中を伝わる様子を, 図 6.7.4 のように等しい間隔 ℓ で平行に並んだ壁が速さ v で進んでいるとモデル化し, 前問までの考察をもとにレーザー光線が超音波で反射する現象を考察する. ただし, レーザー光線の一部は壁で反射し, 残りは壁を突き抜けて進むと考える.

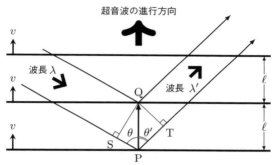

図 6.7.4 超音波で反射するレーザー光線

(6) 図 6.7.4 で, 点 P, Q で反射した 2 本のレーザー光線が強め合う条件は, 自然数 m を用いて次のように書けることを示せ.

$$\frac{\ell\cos\theta}{\lambda} + \frac{\ell\cos\theta'}{\lambda'} = m \tag{6.7.3}$$

実際には式 (6.7.3) で $m=1$ のときにのみ反射光が強め合うのが観測される. レーザー光線を光子の集まりと見なしてその理由を考えてみよう. なお, 以下の問いでは $m=1$ とし, プランクの定数は h とする.

(7) 光子の運動量のうち壁に平行な成分は反射によって変化せず, 壁に垂直な成分は反射によって $\dfrac{h}{\ell}$ 増加することを示せ.

(8) 光子のエネルギーが $\dfrac{hv}{\ell}$ 増加することを示せ.

(9) (7), (8) の結果から超音波の性質について考えられることを簡潔に述べよ.

▶ 解

(6) 点 P で反射した波の経路は, 点 Q で反射した波の経路より SP + PT だけ長い. SP 間にある波の数は $\dfrac{\text{SP}}{\lambda}$, PT 間にある波の数は $\dfrac{\text{PT}}{\lambda'}$. この和が整数になるとき 2 つの波は強め合う.

(7) 光子の運動量の大きさは $\dfrac{h}{\lambda}$ から $\dfrac{h}{\lambda'}$ になった. 壁に平行な成分の変化は

$$\frac{h}{\lambda'}\sin\theta' - \frac{h}{\lambda}\sin\theta = \frac{h\sin\theta}{\lambda'\lambda}\left(\frac{\sin\theta'}{\sin\theta}\lambda - \lambda'\right) = 0 \quad (\because \text{式 }(6.7.1)\text{ より})$$

一方，壁に垂直な成分の変化は

$$\frac{h}{\lambda'}\cos\theta' - \left(-\frac{h}{\lambda}\cos\theta\right) = h\left(\frac{\cos\theta'}{\lambda'} + \frac{\cos\theta}{\lambda}\right) = \frac{h}{\ell} \quad (\because \text{式 }(6.7.3)\text{ より})$$

となる．

(8) 光子のエネルギーの増加量は

$$\frac{hc}{\lambda'} - \frac{hc}{\lambda} \tag{6.7.4}$$

である．ところで式 (6.7.2) は次のように書き換えられる．

$$\frac{c - v\cos\theta'}{\lambda'} = \frac{c + v\cos\theta}{\lambda} \quad \Rightarrow \quad c\left(\frac{1}{\lambda'} - \frac{1}{\lambda}\right) = v\left(\frac{\cos\theta'}{\lambda'} + \frac{\cos\theta}{\lambda}\right)$$

したがって，光子のエネルギーの増加量は以下のようになる．

$$\text{式 }(6.7.4) \quad \Rightarrow \quad hv\left(\frac{\cos\theta'}{\lambda'} + \frac{\cos\theta}{\lambda}\right) = \frac{hv}{\ell} \quad (\because \text{式 }(6.7.3)\text{ より})$$

(9) 超音波が粒子の性質をもち，光子はこの粒子と衝突して運動量・エネルギーを得たと考えられる．波長 ℓ，速さ v の超音波の粒子は進行方向に大きさ $\dfrac{h}{\ell}$ の運動量をもち，そのエネルギーは $\dfrac{hv}{\ell}$ である．これは波長 λ，速さ c の光子の運動量の大きさが $\dfrac{h}{\lambda}$ エネルギーが $\dfrac{hc}{\lambda}$ であることに対応している． $\qquad\qquad\square$

■飛翔鏡：高強度レーザー・プラズマから作られた鏡　　　　　★★☆

　ここまでは，超音波を光を反射する板，つまり鏡としてレーザー光線の反射を考察した．以下では超音波の代わりに強いレーザー光線で作られた「電子のかたまり」を鏡として用いた実験について考える．2007 年には，日本原子力研究開発機構 量子ビーム応用研究部門の神門正城研究副主幹らのグループが検証実験を行い，780 nm（1 nm は 1×10^{-9} m）の入射光が反射されて 13 nm となったことを報告している．この「鏡」はほぼ光速 ($v/c = 0.97$)で動いており，反射光線の波長が短くなるということは光子のエネルギー（これは波長に反比例する）が約 60（780/13）倍に大きくなったことを示している．

　正しくは相対性理論に基づく考察が必要となるが，ここでは先に求めた動く壁での波の反射の式を用いて，古典的（相対性理論によらないという意味）な取り扱いで調べてみよう．

問題 6.7.4

(10) 図 6.7.1 において，λ'，θ' を λ，θ を用いて表せ．

(11) $\lambda = 780$ nm，$\theta = 45°$，$v/c = 0.97$ として，λ'，θ' を求めよ．

▶ 解

(10) 式 (6.7.1), (6.7.2) より

$$\sin\theta' = \frac{\lambda'}{\lambda}\sin\theta, \quad \cos\theta' = \frac{c}{v} - \frac{\lambda'}{\lambda}\left(\frac{c}{v} + \cos\theta\right)$$

となり，辺々 2 乗して加えれば，λ'/λ に関する 2 次方程式が得られる．

$$\left(\frac{\lambda'}{\lambda}\right)^2\sin^2\theta + \left(\frac{c}{v}\right)^2 - \frac{2\lambda'}{\lambda}\left(\left(\frac{c}{v}\right)^2 + \frac{c}{v}\cos\theta\right) + \left(\frac{\lambda'}{\lambda}\right)^2\left(\frac{c}{v} + \cos\theta\right)^2 = 1$$

この方程式はきれいに因数分解できて次の形に変形される．

$$\left\{\left(1 + \frac{2c}{v}\cos\theta + \left(\frac{c}{v}\right)^2\right)\frac{\lambda'}{\lambda} - \left(\left(\frac{c}{v}\right)^2 - 1\right)\right\}\left(\frac{\lambda'}{\lambda} - 1\right) = 0$$

2 つの解のうち $\lambda'/\lambda = 1$ のときには $\cos\theta = -\cos\theta'$ となる．これから $\theta + \theta' = \pi$ となるが，これは照射したレーザー光線が鏡で反射されずに直進することを意味するから捨てる．よって，

$$\lambda' = \frac{\left(\frac{c}{v}\right)^2 - 1}{1 + \frac{2c}{v}\cos\theta + \left(\frac{c}{v}\right)^2}\lambda = \frac{1 - \left(\frac{v}{c}\right)^2}{\left(\frac{v}{c}\right)^2 + \frac{2v}{c}\cos\theta + 1}\lambda \tag{6.7.5}$$

が得られる．このとき θ' は次の式の Tan^{-1} として求められる．

$$\tan\theta' = \frac{\sin\theta'}{\cos\theta'} = \frac{\frac{\lambda'}{\lambda}\sin\theta}{\frac{c}{v} - \frac{\lambda'}{\lambda}\left(\frac{c}{v} + \cos\theta\right)} = \frac{\left(1 - \left(\frac{v}{c}\right)^2\right)\sin\theta}{\left(1 + \left(\frac{v}{c}\right)^2\right)\cos\theta + \frac{2v}{c}} \tag{6.7.6}$$

(11) 式 (6.7.5), (6.7.6) に数値を代入して

$$\lambda' = 0.0178\,\lambda, \quad \tan\theta' = 0.0126 \quad \Rightarrow \quad \theta' = 0.723°$$

となる．高速で動く「鏡」で反射されたレーザー光線はほぼ鏡の法線方向に反射され，光子のエネルギーは $1/0.0178 = 56.2$ 倍に増幅されたことになる．

6.8 ラ ウ エ 斑 点

■X 線   ★☆☆

1895 年にレントゲンは陰極線の研究をしている際に未知の放射線を発見し,X 線と名づけた.X 線は光に対して不透明な物質でもよく透過する.初期の実験では,X 線は強い磁場でも曲げられないことから,中性粒子である可能性が指摘された.また,電磁波の一種とも考えられたが,屈折も回折も確認されず,極めて波長が短いと思われた.1912 年にラウエらによって,X 線が結晶によって回折することが示され,その正体は紫外線よりも波長の短い電磁波であることが明らかにされた.以下で,彼らの実験について考察してみよう.

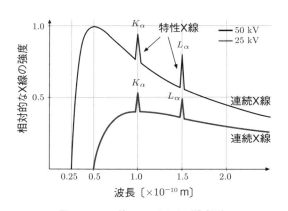

図 6.8.1   X 線のスペクトル（模式図）

X 線のスペクトルは,なだらかな曲線の連続 X 線と鋭いピークの特性（固有）X 線とからなる（図 6.8.1）.連続 X 線のエネルギーは電子の運動エネルギーが転化したものである.電気素量を e〔C〕,陰極線の加速電圧を V〔V〕とすると,電子が得る運動エネルギーは eV〔J〕になるから,X 線光子のもちうる最大エネルギーもこの値になる.したがって,X 線の波長を λ〔m〕とすると,光速を c〔m/s〕,プランク定数を h〔J·s〕として

$$eV \geqq \frac{hc}{\lambda} \quad \text{すなわち} \quad \lambda \geqq \frac{hc}{eV}$$

となる.すなわち V を大きくすれば,λ の下限値も下げられる.特性 X 線の波長は,陰極線を照射する材質によって決まる.

X 線は,波長が非常に短いことから,結晶構造の解析に使うことができる.

■ 直線によるX線回折　　　　　★★☆

スリットにより細く絞った連続X線を結晶に照射する．入射するX線は平面波として結晶に当たる．X線の振動する電場（電界）により原子中の電子が振動し，新たに入射したX線と同じ振動数の電磁波（X線）が球面波として発生する．結晶中の各原子から放出されるX線は干渉して特定の方向で強め合う．このことから結晶中の原子の並びは，照射されたX線に対して回折格子になると考えられる．以下では，結晶中の各原子は辺の長さが d の立方体の頂点にあるとし，この立方体の各辺に沿って x, y, z 軸をとる．

問題 6.8.1

まず x 軸上に等間隔で並んだ原子による回折で強め合う向きを考える．図6.8.2のように，波長 λ のX線が x 軸に対して角 α_0 で入射し，回折して角 α の向きに進んだとする．このとき，隣り合う2つの原子で回折したX線が強め合う条件は n を整数として以下のようになる．

$$d\cos\alpha - d\cos\alpha_0 = n\lambda \qquad (6.8.1)$$

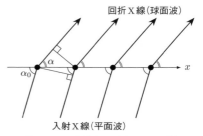

図 6.8.2　直線上の原子による回折

(1) X線の波長 λ が大きすぎると回折により強め合う現象が起きない．その理由を式 (6.8.1) に基づき簡潔に述べよ．

X線は，各原子から3次元空間のあらゆる向きに回折されるので，結晶から十分に離れた点から見ると，図6.8.3に示した x 軸を軸とする特定の円錐の側面に沿って進むときに強め合う．ここで，

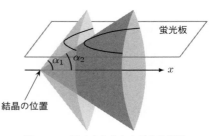

図 6.8.3　強め合う向きを示す曲線群

α_1, α_2 は式 (6.8.1) で $n = 1, 2$ のときの角 α である．そのため，X線に反応する蛍光板を置くと，強め合う向きを示す何本かの曲線群が現れる．

(2) $\alpha_0 = \dfrac{\pi}{2}$ のとき，強め合う向きを示す α が $0 < \alpha < \dfrac{\pi}{2}$ の範囲で3個だけ存在することがわかった．このとき，$\dfrac{\lambda}{d}$ の範囲を求めよ．

▶ 解

(1) 式 (6.8.1) は $\cos\alpha = \cos\alpha_0 + \dfrac{n\lambda}{d}$ と変形できるので，

$$-1 < \cos\alpha_0 + \frac{n\lambda}{d} < 1 \quad \Rightarrow \quad -(1 + \cos\alpha_0)\frac{d}{\lambda} < n < (1 - \cos\alpha_0)\frac{d}{\lambda}$$

が成り立つことが必要. これをみたす n は, $(1 \pm \cos\alpha_0)d \leqq \lambda$ のときには $n = 0$ だけになる.

(2) $\cos\alpha_0 = 0$ だから, みたすべき条件は

$$\frac{3\lambda}{d} < 1 \quad \text{かつ} \quad \frac{4\lambda}{d} \geqq 1 \quad \Rightarrow \quad \frac{1}{4} \leqq \frac{\lambda}{d} < \frac{1}{3} \qquad \square$$

■ 立方格子による X 線回折 ★★☆

次に, y 軸上の原子による回折を考える. y 軸に対して入射 X 線と回折 X 線がなす角をそれぞれ β_0, β とする. 回折した X 線が強め合うのは, 式 (6.8.1) と次の式 (6.8.2) の両方が成り立つときである.

$$d \cos\beta - d \cos\beta_0 = m\lambda, \quad m \text{ は整数} \tag{6.8.2}$$

結晶から十分に離れた点で X 線が強め合う向きを考える. 結晶の位置を原点として, x 軸を中心軸とする円錐群と y 軸を中心軸とする円錐群の交わりが強め合う向きになる. ここで, すべての円錐の頂点は原点である.

問題 6.8.2

蛍光板を xy 面と平行に置き, X 線を蛍光板と垂直に入射した. このとき $\alpha_0 = \beta_0 = \dfrac{\pi}{2}$ となり, 図 6.8.2 で α が強め合う向きであるとき, $\pi - \alpha$ の向きでも強め合う. これは式 (6.8.1) で n が負の値になったことに相当する. 図 6.8.4 に示した曲線群は, それぞれ式 (6.8.1), (6.8.2) をみたす α, β の向きを示している.

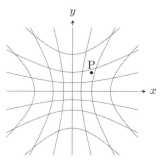

図 6.8.4 蛍光板上の曲線群

(3) $n = \pm 2$, $m = \pm 2$ で強め合う向きに当たる 4 つの点は図 6.8.4 のどこに現れるかを図に示せ.

さらに, z 軸上の原子による回折を考える. このとき, 回折した X 線が強め合うためには, z 軸に対して入射 X 線と回折 X 線がなす角をそれぞれ γ_0, γ として,

$$d \cos\gamma - d \cos\gamma_0 = \ell\lambda, \quad \ell \text{ は整数} \tag{6.8.3}$$

が成り立たなければならない. $\alpha_0 = \beta_0 = \dfrac{\pi}{2}$ のときには $\gamma_0 = 0$ である. このとき式 (6.8.3) の ℓ は負である.

(4) $\gamma_0 = 0$, $\ell = -1$ のとき, 式 (6.8.3) で決まる円錐が z に垂直な蛍光板上に描く曲線が図 6.8.4 に示した点 P を通った. この曲線を図に描け.

▶解

(3) 図 6.8.4 には，n, m の値がそれぞれ -3 から 3 に
対応する 7 本ずつの曲線群が描かれている．x 軸は
$n = 0$，y 軸は $m = 0$ である．また，それ以外の曲
線は，円錐側面と円錐の軸に平行な平面との交点で，
双曲線である ▶第 1 巻コラム 2 ．$n = \pm 2, m = \pm 2$
で強め合う向きに当たる 4 つの点は，図 6.8.5 に示
した 4 点となる．このように結晶に照射した X 線
が強め合って作る一群の点を**ラウエ斑点**と呼ぶ．

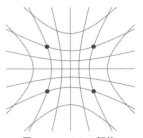

図 **6.8.5** (3) の解答

(4) z 軸が蛍光板に垂直で，入射 X 線の向きが z の向き
（$\gamma_0 = 0$）だから，回折した X 線が強め合う向きは，
z 軸を軸とする円錐の側面を作る．この円錐の側面
と軸に垂直な蛍光面との交点は円である．図 6.8.6
から明らかなように，一般には 3 つの条件に対応す
る 3 つの曲線（いまの場合は 2 個の双曲線と円）が
一点で交わることはない．　　　　　　　　　□

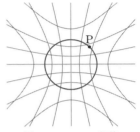

図 **6.8.6** (4) の解答

式 $(6.8.1), (6.8.2), (6.8.3)$ から $\cos \alpha, \cos \beta, \cos \gamma$
が求められるが，それぞれに対応する蛍光板上の 3 つの
曲線は，λ が特別の値でないと一点で交わらない．その
理由を考えてみよう．

問題 6.8.3

α, β, γ は，回折した X 線の進む向きが各座標軸となす角である．そのため，この
向きの長さが 1 のベクトルの成分が $(\cos \alpha, \cos \beta, \cos \gamma)$ となり，

$$\cos^2 \alpha + \cos^2 \beta + \cos^2 \gamma = 1 \tag{6.8.4}$$

となる．つまり，式 $(6.8.1), (6.8.2), (6.8.3)$ から求めた $\cos \alpha, \cos \beta, \cos \gamma$ は式
$(6.8.4)$ をみたさなければならない．したがって，X 線の波長 λ が式 $(6.8.4)$ になる
値のときにだけ強め合うのである．

(5) $\alpha_0 = \beta_0 = \dfrac{\pi}{2}$，$\gamma_0 = 0$ とする．$n = m = 1, \ell = -1$ のときの $\dfrac{\lambda}{d}$ および $\cos \alpha$，
$\cos \beta, \cos \gamma$ を求めよ．

　X 線が結晶によって回折を起こすのではないかとのラウエの提案を受けたフリード
リッヒとクニッピングは，1912 年に連続 X 線を硫化銅の結晶に照射し，X 線回折写
真の撮影に成功した．

(6) X 線のスペクトルから連続 X 線が用いられた理由を簡潔に説明せよ．

▶解

(5) 式 (6.8.1), (6.8.2), (6.8.3) より

$$\cos \alpha = \frac{\lambda}{d}, \quad \cos \beta = \frac{\lambda}{d}, \quad \cos \gamma = 1 - \frac{\lambda}{d}$$

となり，これを式 (6.8.4) に代入・整理して

$$\left(\frac{\lambda}{d}\right)^2 + \left(\frac{\lambda}{d}\right)^2 + \left(1 - \frac{\lambda}{d}\right)^2 = 1 \quad \Rightarrow \quad 3\left(\frac{\lambda}{d}\right)^2 - 2\left(\frac{\lambda}{d}\right) = 0$$

正の解をとって

$$\frac{\lambda}{d} = \frac{2}{3}, \quad \cos \alpha = \frac{2}{3}, \quad \cos \beta = \frac{2}{3}, \quad \cos \gamma = \frac{1}{3}$$

(6) (5) で具体的に見たように，結晶で回折した X 線が強め合うのは特定の向きで，かつ入射 X 線が特定の波長をもつ場合である．そのため波長の決まっている特性（固有）X 線では回折して強め合う可能性は極めて低い．それに対して，連続 X 線は連続的に変化するさまざまな波長 λ を含むので，式 (6.8.1)～(6.8.4) がみたされ，X 線が回折して強め合う可能性が大きくなる．   □

第 7 章

相対性理論を中心とした問題

$$R_{\mu\nu} - \frac{1}{2} R g_{\mu\nu} = \frac{8\pi G}{c^4} T_{\mu\nu}$$

アインシュタイン

7.0 相対性理論の基本

　相対性理論はアインシュタインが独自に構築した時間と空間の理論体系である．1905 年に発表された相対性理論（後に**特殊相対性理論**と名称変更）は，時間の進み方が観測者の運動状態によって変わることを予言した．1915 年に発表された**一般相対性理論**は，重力の根源が時間と空間のゆがみであると結論づけた．一言で表現すれば，特殊相対性理論は「光の速さに近い運動を行うときの力学」であり，一般相対性理論は「とてつもなく大きな質量が引き起こす重力の理論」である．

　現在，私たちは宇宙がビッグバンといわれる高温・高圧の火の玉状態として生まれ，膨張し続けていることを知っている．巨大な恒星の最期には光でさえも脱出できないブラックホールができることを知っている．そして，重力波と呼ばれる時空の波が宇宙空間を伝播していることをとらえている．これらはすべて一般相対性理論が予言していたことである．

1.　特殊相対性理論

■ マイケルソン・モーリーの実験　　　　　　　　　　　　　　　　　　　★★☆

　19 世紀中頃，電気と磁気の作用がマクスウェル方程式 [*1)] としてまとめられ，予言された通りに電磁波が発見された．しかし，物理学者は基本的な 2 つの疑問に悩まされる．1 つ目は，電磁波を伝える媒質はなにか，ということだった．真空中でも電磁波が伝わる理由がわからなかった．もう 1 つの疑問は，マクスウェル方程式から導かれる電磁波の速度（光速）が定数となることだ．この「光速」は誰から見た速さなのか，という疑問である．物体の速度の測定は，観測する人の速度との相対速度でしかない．だから，誰から見た速度なのかを決めないと意味をもたないことになってしまう．

　物理学者は電磁波を伝える物質の存在を期待してエーテル（ether）と命名し [*2)]，エーテルを見つけ出そうとする実験が始まった．

　マイケルソンは，光学干渉計と呼ばれる巧妙な装置を考え出した．干渉とは，2 つの波が重なり合うときに，強め合ったり弱め合ったりする現象である．光の場合は，明るさに強弱が生じて「干渉縞」となる．マイケルソンの干渉計は，1 つの光を 2 筋に分け，互いに直交する向きに 11 m ほど往復させてから再び合成して干渉縞を観測する装置（図 7.0.1）である．地球が太陽の周りを公転するスピードは秒速約 30 km である．2 つに分けた光は，地球の公転速度の影響で，エーテル中を移動する速さが違ってくる．したがって，干渉縞を詳しく見ることでエーテルの存在がわかる，という考えだった．

　マイケルソンは 6 年後，共同研究者モーリーとともに「エーテルの存在は確認されなかった」と結論を出した．マイケルソンもモーリーも，エーテルの存在を確認しようと実験を行ったので，エーテルが見つからなかったことを「失敗」と表現した．

[*1)]　マクスウェル方程式については ▶第 2 巻付録 B.2 ，問題としては，本章で取り上げる ▶7.4 節 ．
[*2)]　古代ギリシア語の「天空を満たす物質」を表す言葉に由来する．

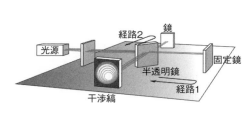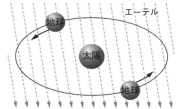

図 **7.0.1** 〔左〕マイケルソン干渉計の概略.光を 2 つに分け,異なる経路を通して再び合成する.合成した光の強弱が変化すれば,2 つの経路の距離差あるいは 2 つの経路の速度差が検出されたことになる.〔右〕エーテル検出の原理.地球の公転軌道がエーテルの流れの中にあれば,干渉計に年周期の干渉縞変化が見られるはずである.

■ローレンツ変換　　　　　　　　　　　　　　　　　　　　★★☆

エーテル理論は窮地に立たされ,フィッツジェラルドやローレンツは,実験結果を説明するためにニュートン力学の修正を試みた.そして「エーテルに対して運動する物体は,その方向に長さを縮める」という**長さの収縮仮説**(ローレンツ・フィッツジェラルド収縮仮説)を提唱した.定量的に表すと,「速さ v で運動する物体の長さは,静止しているときより運動する方向に $\sqrt{1-(v/c)^2}$ 倍に縮む」となる.c は光の速さである.

なんとも奇妙な仮説だが,この式はマクスウェルによる電磁気学の方程式と矛盾しないように,苦肉の策として考え出されたものだ.エーテルがあったとしても,ローレンツ収縮が事実だとすれば,マイケルソン・モーリーの実験でエーテルが検出されない理由になる.エーテルの風の影響で光の速さが変化したとしても,実験装置の目盛りが,その変化を打ち消すように変化するので観測に矛盾が出ない,という説明である.

ローレンツは,マクスウェル方程式には次のような座標変換の自由度が含まれていること(方程式が不変となること)を示した ▶問題 7.4.6 .

法則 7.1(ローレンツ変換(1904 年))

慣性座標系(以下,**慣性系**)$\mathrm{S}(t,x,y,z)$ と慣性系 $\mathrm{S}'(t',x',y',z')$ を考える.時刻 $t=t'=0$ で両者の座標軸は一致していて,S' 系は S 系に対して x 軸の正の向きに一定の速さ v で運動している(図 7.0.2).1 つの現象を観測した時刻と位置が,S 系と S' 系でそれぞれ (t,x,y,z) および (t',x',y',z') であるとき,両座標の関係は,次のように与えられる.

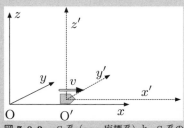

図 **7.0.2** S 系(xyz 座標系)と,S 系の x 軸の方向に速さ v で移動している S' 系($x'y'z'$ 座標系).

$$t' = \frac{t - (v/c^2)x}{\sqrt{1 - (v/c)^2}}$$

$$x' = \frac{x - vt}{\sqrt{1 - (v/c)^2}}$$

$$y' = y \tag{7.0.1}$$

$$z' = z$$

S′系からS系への変換は式 (7.0.1) で v を $-v$ に置き換えたものになる ▶問題 7.1.2 .

■ 特殊相対性理論   ★★☆

ローレンツ・フィッツジェラルド収縮仮説は，現象を説明するための理屈ともいえた．これに対してアインシュタインは，マクスウェル方程式から導かれる電磁波（光）の速さがどのような座標系でも定数 c となることを説明するため，2 つの原理を提唱した（1905 年）．

- 物理法則は，異なる慣性系でも同じ形である（**特殊相対性原理**）
- 光速はどのような座標系から見ても一定である（**光速不変の原理**）

すなわち，光速 c が誰から見ても一定となることを原理として受け入れ，物理法則を構築する，という立場である [*3]．結果として，時間と空間を含めて物理法則を考えることになり，「時間の進み方は各座標で異なる（相対的である）」と解釈されることにつながっていく．

相対性理論では，誰が測定した時間なのかを明確に区別するために，観測者が自分の時計で測る時間を**固有時間**といい，τ（タウ）と書く．ローレンツ変換は，速度 v で運動している観測者から静止系を見れば，静止系が速度 $-v$ で運動していることになるので，同様の関係が成り立つ．

法則 7.2（特殊相対性理論から導かれる時間の遅れ）

運動している観測者の時間の進み方（単位時間の長さ）は，静止している観測者よりも遅くなる．ある慣性系 S で静止している観測者と，S に対して一定の速さ v で運動する座標系 S′ で静止している観測者を考える．

- S′ の時間間隔 $\Delta t'$ を S の観測者が測定すると，その時間間隔 Δt は

$$\Delta t = \frac{1}{\sqrt{1 - (v/c)^2}} \Delta t' \tag{7.0.2}$$

で与えられる．$\Delta t' < \Delta t$ となる．

- 逆に S の時間間隔 Δt を S′ の観測者が測定しても

$$\Delta t' = \frac{1}{\sqrt{1 - (v/c)^2}} \Delta t \tag{7.0.3}$$

[*3] アインシュタインの原理に基づいたローレンツ変換の導出は，次節で取り扱う ▶問題 7.1.1 .

で与えられ，$\Delta t < \Delta t'$ となる．

時間の進み方の違いは，速さ v が光速 c に近づくと顕著になる．日常生活のレベルでは両者の差はごくわずかであり，特殊相対性理論の効果を考慮しなくても問題がない．

x 方向に進む物体を 2 つの慣性系 S と S′ で計測したとき，速度の x 成分をそれぞれ $u_x = \dfrac{dx}{dt}$, $u'_x = \dfrac{dx'}{dt'}$ とすると，u_x と u'_x の間の変換は

$$u'_x = \frac{u_x - v}{1 - u_x v/c^2}, \quad u_x = \frac{u'_x + v}{1 + u'_x v/c^2} \tag{7.0.4}$$

となる ▶問題 7.1.2 (2) ．同様に，加速度 $a_x = \dfrac{du_x}{dt}$ と $a'_x = \dfrac{du'_x}{dt'}$ の間の変換は

$$a_x = \left(\frac{\sqrt{1 - (v/c)^2}}{1 + u'_x v/c^2} \right)^3 a'_x \tag{7.0.5}$$

となる（導出は ▶問題 7.1.4 ）．

運動方程式は，4 次元時空での不変的な形式として慣性系 S で次のようになる．

法則 7.3（特殊相対性理論における運動方程式）

$$\frac{d\vec{p}}{dt} = \vec{F}, \quad \vec{p} = m\vec{u}, \quad m = \frac{m_0}{\sqrt{1 - (u/c)^2}} \tag{7.0.6}$$

質量が質点の速さ $u = |\vec{u}|$ によって変化する．ここで m_0 は**静止質量**と呼ばれる．

エネルギーを計算すると，

$$E = mc^2 = m_0 \frac{c^2}{\sqrt{1 - (u/c)^2}} = m_0 c^2 + \frac{1}{2} m_0 u^2 + \frac{3}{8} m_0 \frac{u^4}{c^2} + \cdots \tag{7.0.7}$$

となることがわかった ▶問題 7.3.2 ．右辺第 1 項は物体が静止しているときにもつ**静止エネルギー**であり，第 2 項は運動エネルギーである．第 3 項以下は相対論的補正項といえる．

法則 7.4（質量とエネルギーの等価性）

$$E = mc^2 \tag{7.0.8}$$

式 (7.0.8) は，質量とエネルギーが等価であることを示している．原子核を構成する陽子と中性子は，結合すると，ばらばらであるときよりも全質量が小さくなる（質量欠損）．この質量欠損に相当するエネルギーを原子の結合エネルギーという．より安定な原子核に分裂や結合すると，余分な結合エネルギーを熱放射の形で放出する．わずかな質量欠損であっても莫大なエネルギーになる．こうして後に原子核融合反応や原子核分裂反応によるエネルギーの発生が相対性理論によって予言された．

2. 一般相対性理論

■重力場の方程式   ★★★

　特殊相対性理論の議論は，加速する運動状態を含んでいなかった．アインシュタインは，10 年後にこの問題を一般相対性理論として解決させる．重力によって加速する運動の起源（万有引力の根源）は，時空が質量の存在によってトランポリンの膜のようにゆがむことだ，という理論である．地球や太陽などの天体のまわりの時空は，天体がないときに比べてわずかにゆがむ．天体の周囲にある小さな物体は時空のゆがみに沿って動いていく，という考えである．

　ゆがんだ時空（曲がった時空ともいう）を表すために，アインシュタインは，4 次元時空にリーマン幾何学を適用した．時空の曲がり具合を表すのは，座標上での微小な距離間隔を示す計量テンソル (metric tensor) $g_{\mu\nu}$ である．以下では，座標 (ct, x, y, z) を $x^\mu = (x^0, x^1, x^2, x^3)$ と表そう．添字 μ は 0, 1, 2, 3 を順に動いて，それぞれの成分を表すものとする．

　平坦な時空（ミンコフスキー空間）では，2 つの時空点の距離 $(ds)^2$ は，2 点間の座標の差 dx^μ を用いて

$$(ds)^2 = -(dx^0)^2 + (dx^1)^2 + (dx^2)^2 + (dx^3)^2$$
$$= -(c\,dt)^2 + (dx)^2 + (dy)^2 + (dz)^2 \tag{7.0.9}$$

と表される．これは三平方の定理を 4 次元時空に拡張したもので，時間座標の前だけマイナス符号をつけることにする．平坦な時空の計量テンソルを $\eta_{\mu\nu}$ と書いて，式 (7.0.9) を

$$ds^2 = \sum_{\mu=0}^{3}\sum_{\nu=0}^{3}\eta_{\mu\nu}dx^\mu dx^\nu, \quad \eta_{\mu\nu} = \begin{pmatrix} -1 & 0 & 0 & 0 \\ 0 & 1 & 0 & 0 \\ 0 & 0 & 1 & 0 \\ 0 & 0 & 0 & 1 \end{pmatrix} \tag{7.0.10}$$

と表すことにする（図 7.0.3）．

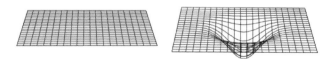

図 **7.0.3** 〔左〕平坦な面，〔右〕曲がった面

　時空が曲がっている場合，計量テンソルを時空座標 x^μ の関数に一般化して $g_{\mu\nu}(x^\rho)$ とする．時空の 2 点間の距離は，

$$ds^2 = \sum_{\mu=0}^{3}\sum_{\nu=0}^{3}g_{\mu\nu}(x^\rho)dx^\mu dx^\nu \tag{7.0.11}$$

としよう．三平方の定理が成り立つように，各座標を伸縮させる役割を計量テンソルにも

たせるのだ．計量 $g_{\mu\nu}(x)$ は添字の入れ換えに対して対称 $(g_{\mu\nu} = g_{\nu\mu})$ であり，4 次元時空なら独立な成分は 10 成分存在する．

アインシュタインは，計量 $g_{\mu\nu}$ が，質量分布や運動量などによって決まると考え，弱い重力場の極限でニュートン力学に一致するように，重力場の方程式を導いた．

法則 7.5（重力場の方程式：アインシュタイン方程式（1915 年））
重力の正体は，時空のゆがみである．その関係は，次の式で表される．

$$\underbrace{R_{\mu\nu} - \frac{1}{2}g_{\mu\nu}R}_{時空のゆがみ} = \frac{8\pi G}{c^4}\underbrace{T_{\mu\nu}}_{物質の分布} \tag{7.0.12}$$

左辺はリーマン幾何学に基づいて時空がどのように曲がっているのかを表している．右辺は物体がどのように分布しているのかを表す量である．

詳しい説明は省略するが，曲率を計算する手順は以下の通りである．計量 $g_{\mu\nu}$ からクリストッフェル記号 $\Gamma^{\alpha}{}_{\mu\nu}$

$$\Gamma^{\alpha}{}_{\mu\nu} = \sum_{\beta=0}^{3} \frac{1}{2}g^{\alpha\beta}\left(\frac{\partial g_{\beta\mu}}{\partial x^{\nu}} + \frac{\partial g_{\beta\nu}}{\partial x^{\mu}} - \frac{\partial g_{\mu\nu}}{\partial x^{\beta}}\right) \tag{7.0.13}$$

を求め，次に，リーマン曲率テンソル $R^{\mu}{}_{\nu\alpha\beta}$

$$R^{\mu}{}_{\nu\alpha\beta} = \frac{\partial \Gamma^{\mu}{}_{\nu\beta}}{\partial x^{\alpha}} - \frac{\partial \Gamma^{\mu}{}_{\nu\alpha}}{\partial x^{\beta}} + \sum_{\sigma=0}^{3}\left(\Gamma^{\mu}{}_{\sigma\alpha}\Gamma^{\sigma}{}_{\nu\beta} - \Gamma^{\mu}{}_{\sigma\beta}\Gamma^{\sigma}{}_{\nu\alpha}\right) \tag{7.0.14}$$

を計算する．リーマン曲率テンソル (7.0.14) 式の添字の一部を縮約した次の量も用意しておく．

$$リッチテンソル \quad R_{\mu\nu} = \sum_{\alpha=0}^{3} R^{\alpha}{}_{\mu\alpha\nu} \tag{7.0.15}$$

$$リッチスカラー \quad R = \sum_{\mu=0}^{3}\sum_{\nu=0}^{3} g^{\mu\nu}R_{\mu\nu} \tag{7.0.16}$$

添字が上についた $g^{\mu\nu}$ は，$\displaystyle\sum_{\mu=0}^{3} g^{\mu\nu}g_{\mu\sigma} = \eta^{\nu}{}_{\sigma}$ をみたすテンソルである．$g_{\mu\nu}$ を 4 行 4 列の行列で表すと，$g^{\mu\nu}$ はその逆行列に相当する．

アインシュタイン方程式 (7.0.12) を真空 $(T_{\mu\nu} = 0)$ のもとで解く場合，

$$\sum_{\mu=0}^{3}\sum_{\nu=0}^{3} g^{\mu\nu}\left(R_{\mu\nu} - \frac{1}{2}g_{\mu\nu}R\right) = R - \frac{1}{2}\times 4R = -R = 0 \tag{7.0.17}$$

となることから，真空でのアインシュタイン方程式は，次のようになる．

$$R_{\mu\nu} = 0 \tag{7.0.18}$$

■アインシュタイン方程式の解 ★★★

アインシュタイン方程式 (7.0.12) を解くことは，時空がどのように曲がっているかを表す計量 $g_{\mu\nu}$ を求めることである．アインシュタイン方程式の解の例として3つをあげよう．

- 全空間になにも物質がなければ（$T_{\mu\nu} = 0$ ならば），解はミンコフスキー座標 (t, x, y, z) または球座標 (r, θ, φ) を用いて次式のような平坦な時空（ミンコフスキー空間）になる．

$$ds^2 = -c^2 dt^2 + dx^2 + dy^2 + dz^2 \tag{7.0.19}$$

$$= -c^2 dt^2 + dr^2 + r^2 \left(d\theta^2 + \sin^2\theta \, d\varphi^2\right) \tag{7.0.20}$$

ここで，$x = r\sin\theta\cos\varphi$, $y = r\sin\theta\sin\varphi$, $z = r\cos\theta$ の関係がある．

- 原点にだけ静止した質量 M があると，解は次式のシュヴァルツシルト解になる．導出は，▶コラム 14 ．

$$ds^2 = -\left(1 - \frac{a}{r}\right)c^2 dt^2 + \frac{dr^2}{1 - \dfrac{a}{r}} + r^2 \left(d\theta^2 + \sin^2\theta \, d\varphi^2\right) \tag{7.0.21}$$

ここで，a は十分遠方でアインシュタイン方程式が万有引力のもとでのニュートンの運動方程式に一致するように決められ，

$$a = \frac{2GM}{c^2} \tag{7.0.22}$$

となる．a はシュヴァルツシルト半径（または重力半径）と呼ばれるもので，この解は球対称（原点から見てすべての方向が同じ）・静的（時間が経過しても，時間を反転しても変化しない）なブラックホールを表している．$r = a$ の半径の球面はブラックホールの境界（事象の地平面）で，その内側からは，光の速度をもってしても脱出することができない．

シュヴァルツシルト半径は，光が引力圏から逃れて無限遠点に到達できる半径で，M が太陽質量のときに約3km，地球質量のときに約9mm である．この半径よりも小さく収縮した天体がブラックホールである．

- 時空全体が一様（空間的にでこぼこがない）で等方的（どの方向を見ても同じ）で，同一種類の流体物質でみたされているとき，解は次式のフリードマン・ルメートル・ロバートソン・ウォーカー解（FLRW 解）になる．

$$ds^2 = -c^2 dt^2 + a^2(t)\left\{\frac{dr^2}{1 - kr^2} + r^2 \left(d\theta^2 + \sin^2\theta \, d\varphi^2\right)\right\} \tag{7.0.23}$$

k は空間全体の曲率で，現実の宇宙観測からはゼロとなっている．$a(t)$ はスケール因子と呼ばれ，空間全体の体積が時間とともに膨張・収縮することを示している．すなわち，アインシュタイン方程式から導かれる宇宙は，自然に宇宙全体がダイナミカルに変化することを示唆している．

重力の方程式なのに永遠に膨張する解が出てくるのは不思議ではない．地球上でボールを上空に向かって投げ上げる運動を解くとき，初速度が大きければボールが地球の重力圏を脱して飛び続けていくのと同じである．

■重力による時間の遅れ　　　　　　　　　　　　　　★★★

　一般相対性理論によれば，強い重力がはたらく空間では時間の進み方 $\Delta t'$ は，（重力がはたらかない）平坦な空間での時間の進み方 Δt に比べて遅くなる（$\Delta t' < \Delta t$ となる）．単純に，球状に分布した大きな質量 M があるとき，シュヴァルツシルト計量 (7.0.21) の式を用いると，その質量の中心から距離 r の位置にいる観測者が測定する時間間隔 $\Delta t'$ は，遠方 $(r \to \infty)$ にいる観測者が測定する時間間隔 Δt と

$$\left(1 - \frac{a}{r}\right)(\Delta t)^2 = (\Delta t')^2 \tag{7.0.24}$$

の関係がある．ここで，a はシュヴァルツシルト半径である．

法則 7.6（重力による時間の遅れ）

　重力がはたらく空間での時間の進み方は，重力のはたらかない空間よりも遅くなる．質量 M の球対称の物体があり，その中心から距離 r の位置での時間間隔 $\Delta t'$ は，重力がはたらかない遠方の空間での時間間隔 Δt と

$$\Delta t = \frac{\Delta t'}{\sqrt{1 - \dfrac{2GM}{rc^2}}} \tag{7.0.25}$$

の関係がある．$\Delta t > \Delta t'$ となる．

コラム 14（★★★シュヴァルツシルト解の導出）

シュヴァルツシルト解を導いてみよう．静的球対称時空の計量 $g_{\mu\nu}$ として次の形を仮定する．

$$ds^2 = -e^{p(r)}c^2 dt^2 + e^{q(r)}dr^2 + r^2\left(d\theta^2 + \sin^2\theta\, d\varphi^2\right) \tag{7.0.26}$$

関数 $p(r)$, $q(r)$ はアインシュタイン方程式を解いて決める．ただし，$r \to \infty$ で式 (7.0.20) の平坦な時空の計量に一致させるため，この極限で $p(r)$, $q(r)$ は 0 になるとする．式 (7.0.26) は

$$x^0 = ct, \quad x^1 = r, \quad x^2 = \theta, \quad x^3 = \varphi \tag{7.0.27}$$

とすると，$g_{\mu\nu}$ の成分で 0 でないものは以下のものでだけあることを示している（添字の上付き・下付きに注意せよ）．

$$g_{00} = -e^{p(r)}, \quad g_{11} = e^{q(r)}, \quad g_{22} = r^2, \quad g_{33} = r^2\sin^2\theta$$

$$g^{00} = -e^{-p(r)}, \quad g^{11} = e^{-q(r)}, \quad g^{22} = \frac{1}{r^2}, \quad g^{33} = \frac{1}{r^2\sin^2\theta}$$

また，クリストッフェル記号 $\Gamma^{\alpha}{}_{\mu\nu}$ を計算すると，0 でないものは次の各項である．

$$\Gamma^0{}_{01} = \Gamma^0{}_{10} = \frac{1}{2}\frac{dp}{dr}, \quad \Gamma^1{}_{00} = \frac{1}{2}e^{p-q}\frac{dp}{dr}, \quad \Gamma^1{}_{11} = \frac{1}{2}\frac{dq}{dr}$$

$$\Gamma^1{}_{22} = -re^{-q}, \quad \Gamma^1{}_{33} = -r\sin^2\theta e^{-q}, \quad \Gamma^2{}_{12} = \Gamma^2{}_{21} = \frac{1}{r}$$

$$\Gamma^2{}_{33} = -\sin\theta\cos\theta, \quad \Gamma^3{}_{13} = \Gamma^3{}_{31} = \frac{1}{r}, \quad \Gamma^3{}_{23} = \Gamma^3{}_{32} = \frac{\cos\theta}{\sin\theta}$$

これらを用いてアインシュタイン方程式を書き下すのだが，いまは原点以外に物質はなく，$T_{\mu\nu} = 0$ なので，式 (7.0.18) の $R_{\mu\nu} = 0$ を解けばよい．独立な方程式は次の 3 個となる（その他の $R_{\mu\nu}$ は 0）．

$$R_{00} = e^{p-q}\left\{\frac{1}{2}\frac{d^2 p}{dr^2} + \frac{1}{4}\left(\frac{dp}{dr} - \frac{dq}{dr}\right)\frac{dp}{dr} + \frac{1}{r}\frac{dp}{dr}\right\} = 0 \tag{7.0.28}$$

$$R_{11} = -\frac{1}{2}\frac{d^2 p}{dr^2} - \frac{1}{4}\left(\frac{dp}{dr} - \frac{dq}{dr}\right)\frac{dp}{dr} + \frac{1}{r}\frac{dq}{dr} = 0 \tag{7.0.29}$$

$$R_{22} = \frac{R_{33}}{\sin^2\theta} = 1 - e^{-q}\left\{1 + \frac{r}{2}\left(\frac{dp}{dr} - \frac{dq}{dr}\right)\right\} = 0 \tag{7.0.30}$$

式 (7.0.28), (7.0.29) から $\dfrac{dp}{dr} = -\dfrac{dq}{dr}$ が得られ，積分して $p = -q$ となる（$r \to \infty$ で p, q は 0 だから積分定数は 0）．式 (7.0.30) に代入して

$$1 - e^p\left(1 + r\frac{dp}{dr}\right) = 1 - \frac{d}{dr}\left(re^p\right) = 0 \quad \Rightarrow \quad \frac{d}{dr}\left(re^p\right) = 1$$

積分定数を $-a$ とすれば，

$$re^p = r - a \quad \Rightarrow \quad e^p = 1 - \frac{a}{r}, \ e^q = e^{-p} = \left(1 - \frac{a}{r}\right)^{-1}$$

となり，式 (7.0.21) が得られる．

7.1 ローレンツ変換

■ローレンツ変換　　　　　　　　　　　　　　　　★★☆

慣性系 $S(t, x, y, z)$ と，S に対して x 軸の正の向きに一定の速さ v で動いている慣性系 $S'(t', x', y', z')$ の時空座標は，ローレンツ変換 (7.0.1) で結ばれている．t, x 座標の変換のみ再掲すると，

$$t' = \frac{t - (v/c^2)x}{\sqrt{1 - (v/c)^2}},$$
$$x' = \frac{x - vt}{\sqrt{1 - (v/c)^2}} \tag{7.1.0}$$

である．まずは，この変換を導いてみよう．

問題 7.1.1

慣性系 $S(t, x, y, z)$ と $S'(t', x', y', z')$ があり，S' は S の x 軸の正の向きに速さ v で運動している．時刻 $t = t' = 0$ のとき，両者の xyz 軸と $x'y'z'$ 軸とは一致していて，この瞬間に光が原点から放たれた．光は速さ c であらゆる方向に進み，波面は球面状で

$$s^2 \equiv x^2 + y^2 + z^2 - (ct)^2 = 0 \tag{7.1.1}$$

をみたす．光速不変の原理によれば，同じことが S' 系でも成り立つので

$$s'^2 \equiv (x')^2 + (y')^2 + (z')^2 - (ct')^2 = 0 \tag{7.1.2}$$

となる．相対性原理により，物体の運動が慣性系 S で等速直線運動であれば，慣性系 S' でも等速直線運動となる．したがって，t', x', y', z' の値は，t, x, y, z の 1 次式で表される．慣性系 S' の運動が x 方向なので，$y' = y$, $z' = z$ としてよく，座標系間の対応として，

$$x' = Ax + Bt, \quad t' = Dx + Et \tag{7.1.3}$$

の関係を求めればよい．ここで，A, B, D, E は v のみの関数である．

(1) S' の空間座標の原点 $O'(x' = y' = z' = 0)$ は，速さ v で x 軸の正の向きに動いている．このことから，A, B, v の間に成り立つ条件を求めよ．

(2) 式 (7.1.1), (7.1.2) と $y' = y$, $z' = z$ から

$$x^2 - (ct)^2 = (x')^2 - (ct')^2$$

が成り立つが，これに式 (7.1.3) を代入し，任意の x, t に対して成り立つための A, B, D, E の条件を求めよ．

(3) 以上の関係式から，A, B, D, E を求め，(7.0.1) を導出せよ．ただし，$v \to 0$ のとき，$t' \to t$, $x' \to x$ となることに注意して符号を決めよ．

▶ 解

(1) $0 = Ax + Bt$ と $x = vt$ より，$B = -vA$.

(2) 次の 3 式が得られる.

$$A^2 - c^2 D^2 = 1, \quad AB - c^2 DE = 0, \quad c^2 E^2 - B^2 = c^2$$

(3) $A = \pm 1/\sqrt{1 - (v/c)^2}$, $B = -vA$, $E = \pm 1/\sqrt{1 - (v/c)^2}$, $D = -(v/c^2)E$ となる.
　　A と E の符号は任意にとれるが，$v \to 0$ の極限で + に定まり (7.0.1) が得られる.

□

　この計算は煩雑だが，(1) より $x' = A(x - vt)$ で，相対性原理により $x = A(x' + vt')$ となることと，特に x 軸の正の向きに進む光に対して $x = ct$, $x' = ct'$ が成り立つことを用いて t, t' を消去すれば，$A = 1/\sqrt{1 - (v/c)^2}$ が比較的容易に得られる.

■ **速度の合成則**　　　　　　　　　　　　　　　　　　　　　　　★★☆

　ローレンツ変換のもとでは，どの慣性系から見ても光速 c は一定である，ということを確かめてみよう.

> **問題 7.1.2**
>
> (4) ローレンツ変換 (7.1.0) の逆変換，すなわち，(t, x) を (t', x') で表す式を作れ．さらに，慣性系 $\mathrm{S}'(t', x', y', z')$ から見て x' 軸の正の向きに速さ v' で運動する慣性系を $\mathrm{S}''(t'', x'', y'', z'')$ とする.
>
> (5) 慣性系 $\mathrm{S}(t, x, y, z)$ から慣性系 $\mathrm{S}''(t'', x'', y'', z'')$ へのローレンツ変換を求めよ.

▶ 解

(4) t', x' を表す式 (7.1.0) から x または t を消去すると，

$$t' + (v/c^2)x' = \frac{t - (v/c)^2 t}{\sqrt{1 - (v/c)^2}} = \sqrt{1 - (v/c)^2}\, t \quad \Rightarrow \quad t = \frac{t' + (v/c^2)x'}{\sqrt{1 - (v/c)^2}}$$

(7.1.4)

$$x' + vt' = \frac{x - (v/c)^2 x}{\sqrt{1 - (v/c)^2}} = \sqrt{1 - (v/c)^2}\, x \quad \Rightarrow \quad x = \frac{x' + vt'}{\sqrt{1 - (v/c)^2}}$$

(7.1.5)

　となる．この結果はローレンツ変換 (7.1.0) で v を $-v$ に置き換えたものになっている．これは相対性原理からの自然な帰結である.

(5) ローレンツ変換 (7.1.0) を 2 度用いれば，

$$t'' = \frac{t' - (v'/c^2)x'}{\sqrt{1 - (v'/c)^2}} = \frac{1}{\sqrt{1 - (v'/c)^2}} \left(\frac{t - (v/c^2)x}{\sqrt{1 - (v/c)^2}} - \frac{v'}{c^2} \frac{x - vt}{\sqrt{1 - (v/c)^2}} \right)$$

$$= \frac{(1 + vv'/c^2)\, t - ((v + v')/c^2)\, x}{\sqrt{\{1 - (v/c)^2\}\{1 - (v'/c)^2\}}}$$

$$= \frac{1 + vv'/c^2}{\sqrt{\{1 - (v/c)^2\}\{1 - (v'/c)^2\}}} \cdot \left(t - \frac{v + v'}{(1 + vv'/c^2)\,c^2} \cdot x\right)$$

となる. ここで分母のルートの中は,

$$\left\{1 - (v/c)^2\right\}\left\{1 - (v'/c)^2\right\} = 1 - (v/c)^2 - (v'/c)^2 + (v/c)^2\,(v'/c)^2$$

$$= (1 + vv'/c^2)^2 - 2vv'/c^2 - (v/c)^2 - (v'/c)^2 = (1 + vv'/c^2)^2 - ((v + v')/c)^2$$

と変形できるので,

$$u = \frac{v + v'}{1 + vv'/c^2} \tag{7.1.6}$$

とおいて,

$$t'' = \frac{t - (u/c^2)x}{\sqrt{1 - (u/c)^2}} \tag{7.1.7}$$

が得られる. 同様な計算で,

$$x'' = \frac{x - ut}{\sqrt{1 - (u/c)^2}} \tag{7.1.8}$$

となることを示すことができる. もちろん $y'' = y' = y$, $z'' = z' = z$ である.   □

式 (7.1.6) は, 1 次元 (x 方向) の速度の合成則である. 例えば, プラットフォームに立っている人の前を列車が一定の速度 v で通過し, 列車内で人が列車に対して一定の速度 v' で移動すると考えてみよう. プラットフォーム, 列車, 移動する人に固定された慣性系がそれぞれ S, S′, S″ である. このとき, プラットフォームにいる人から見た列車内の人の速度が u となる.

問題 7.1.3

(6) 慣性系 S, S′ のどちらから見ても光速度は c であることを示せ.

(7) 光速度 c より遅い速度を合成しても c を超えられないことを示せ.

▶ **解**

(6) 慣性系 S′ で x 軸の正の向きに進む光を考え, 式 (7.1.6) において $v' = c$ とおくと,

$$u = \frac{v + c}{1 + vc/c^2} = \frac{v + c}{1 + v/c} = c$$

となる. これは慣性系 S でも光の速度が c であることを示している. この結果は, 慣性系 S の速度 v にはよらない. なお, 式 (7.1.6) において $v = c$ とおくと v' の値によらず $u = c$ となる.

(7) $0 \le v < c,\ 0 \le v' < c$ のとき

$$c - u = c - \frac{v + v'}{1 + vv'/c^2} = \frac{c + vv'/c - (v + v')}{1 + vv'/c^2} = \frac{(c - v)(c - v')/c}{1 + vv'/c^2} > 0$$

となり, u は c を超えない.   □

■ 加速度の変換則　　　　　　　　　　　　　　　　　　　　　　★★☆

　次に導出する式は, 後の問題 7.3.1 で使われ, 有名な質量とエネルギーの等価性を示す公式を導出するステップになる.

> **問題 7.1.4**
> 　加速度の変換式 (7.0.5) を示せ.

▶ **解**　　$u_x = \dfrac{u'_x + v}{1 + u'_x v/c^2}$ より,

$$\frac{du_x}{dt} = \frac{\dfrac{du'_x}{dt}\left(1 + u'_x v/c^2\right) - (u'_x + v)\dfrac{v}{c^2}\dfrac{du'_x}{dt}}{(1 + u'_x v/c^2)^2} = \frac{1 - (v/c)^2}{(1 + u'_x v/c^2)^2}\frac{du'_x}{dt}$$

となる. ここで,

$$\frac{du'_x}{dt} = \frac{dt'}{dt}\frac{du'_x}{dt'} = \frac{1 - (v/c^2)u_x}{\sqrt{1 - (v/c)^2}}\frac{du'_x}{dt'} = \frac{1 - (v/c)^2\frac{u'_x + v}{1 + u'_x v/c^2}}{\sqrt{1 - (v/c)^2}}\frac{du'_x}{dt'}$$

$$= \frac{1 - (v/c)^2}{\sqrt{1 - (v/c)^2}(1 + u'_x v/c^2)}\frac{du'_x}{dt'} = \frac{\sqrt{1 - (v/c)^2}}{(1 + u'_x v/c^2)}\frac{du'_x}{dt'}$$

と変形できるので,

$$\frac{du_x}{dt} = \left(\frac{\sqrt{1 - (v/c)^2}}{1 + u'_x v/c^2}\right)^3 \frac{du'_x}{dt'}$$

が得られる.　　　　　　　　　　　　　　　　　　　　　　　　　　　　　　　　　□

■) Coffee Break 10 （Y の学問, S の学問）

　学問の英語名には Y で終わるものと, S で終わるものがあるといわれる. 前者は astronomy, economy, biology, archaeology, anthropology, sciology などで, 後者は physics, mathematics, statistics, genetics などである. Y の学問は新種発見・データ収集・分類化の学問である. S の学問は還元主義・体系化の学問であり, 少数の仮定と法則によって全体を説明しようとする学問である [*4)].

　一般の学問は, Y 学問によってデータ収集されたものが, S 学問で理論・法則となって説明される, という流れで構築されてきた. ニュートン力学しかり, 前期量子論しかりである. しかし, 一般相対性理論の場合は常に逆で, S から Y である. 理論が先行し, その理論から予想される現象を天文学者が追いかけてきた. ブラックホールや重力波に関しては, 100 年を経てようやく人類の観測技術がアインシュタインの頭脳に追いついたことになる. そう考えると, いかにアインシュタインが先を見越して議論していたのかを察することができる.

[*4)] 戎崎俊一著『科学はひとつ』(学而図書, 2003)

7.2 **浦島効果と GPS 衛星電波の補正**

■ 高速で運動する観測者の時間の遅れ　　　　　　　　　　★★☆

　特殊相対性理論では光の進む速さはどの座標系で見ても一定であることを原理とする．その影響として，時間の進み方が観測者によって異なってくる．その違いは，法則 7.2 に示した関係になる．相対速度 v が変化する場合は特殊相対性理論は使えないが，微少時間 Δt の間は $v =$ 一定と見なせる．これを積み重ねて（積分して），時間の遅れなどを計算できる [*5)]．

　まっすぐ（1 次元運動という意味）に速度 v で運動する宇宙船を考える．宇宙船に乗っている座標系の固有時間を τ，静止系での時間を t とすると，微小時間間隔の関係式 (7.0.3)

$$\Delta\tau = \sqrt{1-(v/c)^2}\,\Delta t \tag{7.2.1}$$

を足し合わせて，

$$\tau = \int_{t_1}^{t_2} \sqrt{1-(v/c)^2}\,dt \tag{7.2.2}$$

となる．

　次に，宇宙船が地球上で静止した状態から一定の加速度 a' で加速していく．この加速度 a' は宇宙船で測定したものとすると，地球から見る宇宙船の加速度 a は，式 (7.0.5) より

$$a = \left(1-(v/c)^2\right)^{3/2} a' \tag{7.2.3}$$

となる．これより，$\dfrac{dv}{dt} = (1-(v/c)^2)^{3/2}a'$ と書くと，微小時間 dt と微小速度変化 dv との関係 $dt = \dfrac{1}{a'}(1-(v/c)^2)^{-3/2}dv$ が得られる．この加速運動中の宇宙船内での経過時間を T_1'，地球から見た宇宙船の速度を v_1 とすると，

$$\begin{aligned}
T_1' &= \int_0^{T_1'} d\tau = \int_0^{T_1} \sqrt{1-(v/c)^2}\,dt \\
&= \frac{1}{a'}\int_0^{v_1} \frac{1}{1-(v/c)^2}\,dv = \frac{c}{2a'}\log\frac{1+v_1/c}{1-v_1/c}
\end{aligned} \tag{7.2.4}$$

の関係が得られる．また，このとき地球での経過時間 T_1 は

$$T_1 = \int_0^{T_1} dt = \int_0^{v_1} \frac{dv}{a'(1-v^2/c^2)^{3/2}} = \frac{v_1}{a'\sqrt{1-v_1^2/c^2}} \tag{7.2.5}$$

となる．

---

*5) 厳密にいえば，加速している系は一般相対性理論を用いて議論しなければならない．等価原理 ▶7.5 節 により加速している系の慣性力は重力と等価なので，重力による時間の遅れが生じ，慣性系より時間の進みが遅くなる．一様加速した系の計量テンソル ▶7.0 節 はリンドラー時空として知られ，それを用いると問題 7.2.1 と同じ結果が得られる．

問題 7.2.1

浦島に住む太郎は，助けた亀に誘われて竜宮城に行き，そこで楽しく過ごして帰ってきた．太郎の時間では往復も含めて25年の旅だったのだが，帰ってきてみると，住んでいた村には誰も知り合いがおらず，自分が旅立ってから約75年が経過した未来の村にいることを知った．

思い出してみると，自分の村から竜宮城までは宇宙船に乗っていた．相対性理論の効果で自分の感じる時間の進み方が，村の時間よりもずっとゆっくりだったため，約50年分の差が生じたと思われる．

(1) 宇宙船の加速・減速を考えず，一定速度 v_0 の乗り物だとする．地球での経過時間に対して，宇宙船内の時間の進み方が $1/3 (= 25/75)$ のとき，宇宙船の速度 v_0 は光速の何倍の大きさか．ここでは竜宮城での滞在時間は考えないとする．

実際の宇宙船は徐々に加速し，徐々に減速する．人間が快適に過ごせるように，宇宙船は地表の重力加速度と同じ $g = 9.8\,\mathrm{m/s^2}$ のまま一定で加速できるとする．

宇宙船は $T_1' = 3$ 年間，この加速度 g を保って加速し，最高速度に到達したのち等速運動で $T_2' = 1$ 年間航行し，$T_3' = 3$ 年間加速度 $-g$ で減速して，合計7年かけて竜宮城に着いたとする．ここでの年数・加速度は宇宙船内で測定した値である．加速運動している期間は，式 (7.2.4) より，静止系で測る最高速度 $V_{\max}$ と

$$T_1' = \frac{c}{2g} \log_e \frac{1 + V_{\max}/c}{1 - V_{\max}/c} \tag{7.2.6}$$

の関係が成り立つので，$V_{\max}$ が求められる．また，式 (7.2.5) よりこの期間に相当する地球での経過日数が求められる．

(2) 宇宙船の最高速度 $V_{\max}$ は光速 c の何%か．$c = 299792458\,\mathrm{m/s}$ として計算せよ．$e^{6.19} = 485.6$ である．

(3) 宇宙船が最高速度 $V_{\max}$ に到達したとき，地球では何日経過しているか．

(4) 宇宙船が最高速度 $V_{\max}$ で航行している間，地球では何日経過しているか．

(5) 宇宙船が竜宮城に7年かけて到達したとき，地球では何日経過しているか．

(6) 浦島太郎が竜宮城に11年滞在し，再び7年かけて地球に戻ってきたとき，地球では何年経過しているか．

▶ **解**

(1) 式 (7.2.1) に，$\Delta\tau = 25$，$\Delta t = 75$ を代入すると，

$$25 = \sqrt{1 - (v/c)^2} \times 75 \quad \Rightarrow \quad \frac{v}{c} = \sqrt{1 - (25/75)^2} = 0.943$$

となる．したがって，光速の 94.3%.

(2) 与えられた式より，

$$\frac{V_{\max}}{c} = \frac{e^{2gT_1'/c} - 1}{e^{2gT_1'/c} + 1}$$

$2gT_1'/c = 2 \cdot 9.8 \cdot 3 \cdot 365 \cdot 24 \cdot 3600/299792458 = 6.19$, $e^{6.19} = 485.6$ なので，

$\dfrac{V_{\max}}{c} = 0.9959$ を得る. したがって, 光速の 99.6%.

(3) 式 (7.2.5) より, $T_1 = \dfrac{V_{\max}}{g\sqrt{1 - V_{\max}^2/c^2}} = 3893$ 日. これは宇宙船での経過時間よりも 7.67 年長い.

(4) 式 (7.2.1) より $T_2 = \dfrac{1}{\sqrt{1 - (V_{\max}/c)^2}} T_2' = 4030$ 日. これは宇宙船よりも 10.0 年長い.

(5) 減速時も加速時と同じ計算になるので, $T_1 + T_2 + T_3 = 11816$ 日 $= 32.37$ 年. これは宇宙船よりも 25.37 年長い (図 7.2.1).

(6) 地球では $32.37 \times 2 + 11 = 75.74$ 年が経過している.   □

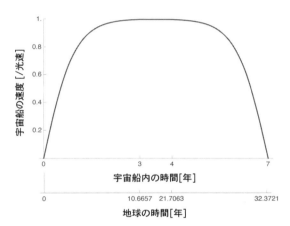

図 7.2.1 宇宙船の行きの速度

以上の様子から宇宙船内と地球の時間でロケットの速度を表すと図 7.2.1 のようになる. ところで, 竜宮城までの距離 L はどれだけだったのか. 数値的に積分すると, 加速と減速が完了するまでにそれぞれ 2.33 光年, 最高速度で航行している期間に 11.0 光年で, 総和は 15.7 光年になる. 光年は, 光が 1 年間に進む距離 (1 光年 $= 9.46 \times 10^{15}$ m) で, 太陽系から一番近い恒星までは 4.2 光年である.

■強い重力場にいる観測者の時間の遅れ   ★★☆

一般相対性理論では大きな質量があると時間と空間がゆがみ, そのため強い重力のはたらく空間では時間の進み方 $\Delta T'$ は, 平坦な空間 (重力がはたらかない空間) での時間の進み方 ΔT に比べて遅くなる. 質量 M が一点に集中していて, そこから距離 r の位置での時間の進み方は, (7.0.24) で示した式

$$\left(1 - \frac{a}{r}\right)(\Delta T)^2 = (\Delta T')^2 \tag{7.2.7}$$

で与えられる. ここで, a はシュヴァルツシルト半径と呼ばれる長さで, $a = \dfrac{2GM}{c^2}$ で与えられる. G は万有引力定数, c は光速である.

問題 7.2.2

　浦島太郎は, 自分の旅立った日と帰還した日を調べると, 10 日ほどさらに余計に未来に来ていることに気がついた. 竜宮城にいた 11 年の間に, 地球との時間差 10 日が生じた理由として, 竜宮城が大きな質量の星にあったためではないかと考えた. 地球の重力はとても弱く平坦な空間と見なしてよいとすれば, 式 (7.2.7) に応じた時間差が竜宮城で生じたことになる.

(7) 式 (7.2.7) において, 竜宮城のある星と地球との時間の進み方を比較することにより, 比 a/r の値を求めよ.

ここで求めた比 a/r は, 相対性理論が有効となるスケールを表すが, ここではそれほど大きくない. そのために, 地球上の重力と同じような環境が竜宮城で得られていたと考えられる. 以後, 星の中心からの距離 r を星の半径の位置 R としよう.

(8) 竜宮城のある星の質量 M と半径 R の比 M/R を求めよ.

(9) 竜宮城の重力加速度が地球と同じ g だったとすると, 竜宮城のあった星の質量と半径はいくらか.

▶ **解**

(7) 式 (7.2.7) より,

$$\frac{a}{r} = 1 - \left(\frac{\Delta T'}{\Delta T}\right)^2 = 1 - \left(\frac{11}{11 + 10/365}\right)^2 = 4.96 \times 10^{-3}$$

(8) (7) の結果と $a = \dfrac{2GM}{c^2}$ より,

$$\frac{M}{R} = 4.96 \times 10^{-3} \times \frac{c^2}{2G} = 3.34 \times 10^{24}\,\text{kg/m}$$

(9) 星の表面での重力加速度の大きさが $g = \dfrac{GM}{R^2}$ で与えられることから, 竜宮城内の重力加速度が地球と同じ g とすると, $M/R^2 = g/G = 1.47 \times 10^{11}$. これを (8) の値と比較して, 星の半径 $R = 2.3 \times 10^{13}$ m, 星の質量 $M = 7.6 \times 10^{37}$ kg を得る.   □

現実にはありえない星の質量と半径となってしまったが, ご容赦願いたい.

■ GPS 衛星電波の相対論補正   ★★☆

　GPS (Global Positioning System) では, 12 時間で地球を 1 周する人工衛星 (GPS 衛星) と交信し, 信号が伝わるのに要する時間から計算した衛星までの距離を用いて, 3 次元的な位置 (緯度, 経度, 高度) を決定している. 人工衛星は, 赤道面に対してそれぞれおよそ 55° 傾き, 互いに 60° の角度で交わる 6 つの円軌道に対して, その 1 つ 1 つに 4 機ずつ配置され, 地球上のどこでも常に 4 機以上の人工衛星と交信して, 位置の測定が

できるようになっている.

人工衛星には原子時計が積まれていて，時間の情報が常に地球に向けて発信されている. 地上の受信機で 3 機の電波を受信できれば，3 点測量の技術から受信機のいる位置が判明する，というしくみだ. ただし，受信機の時計は不正確なので 4 機目の人工衛星で受信時刻の不確定さを調整している.

ところが，相対性理論によれば，観測者に対して運動している時計の進み方は遅くなり，また観測者のいるところより重力が強いところにある時計の進み方も遅くなる. ここでは，GPS 衛星に積まれた時計と地表に固定された時計の進み方を比較してそのずれを見積もり，位置の測定にどれだけの影響が出るのかを考えてみよう.

問題 7.2.3

運動による時計の遅れを考えよう. 法則 7.2 にあるように，速さ v で運動する観測者の時計の進み方 $\Delta\tau$ は，静止している人の時間の進み方 Δt に対して

$$\Delta\tau = \sqrt{1 - \left(\frac{v}{c}\right)^2}\,\Delta t \tag{7.2.8}$$

となる. 地表に固定された時計も地球の自転によって運動している.

(1) 地球上にいる人は地球とともに自転している. 赤道上にいる人の自転による速さ v_0 はいくらか. 地球の半径 R は $R = 6380$ km，自転周期 T は $T = 24$ hr とする.

(2) GPS 衛星は，高度 $H = 20184$ km で地球を周回している. 速さ v_1 はいくらか. 万有引力定数 G と地球の質量 M の積を $GM = 3.986 \times 10^{14}$ m³/s² とする.

(3) 地表で測定する 1 秒を Δt_0，GPS 衛星で測定する 1 秒を Δt_1 とする. Δt_0，Δt_1 と静止している座標系での 1 秒との差はどれだけか. 光速 c は $c = 299792458$ m/s である.

(4) (3) で求めた GPS 衛星との時間差が，1 日分蓄積されるとどれだけの差になるか.

▶ **解**

(1) 赤道上にいる人は，$2\pi R$ の距離を T で動くので，

$$v_0 = \frac{2\pi R}{T} = \frac{2\pi \cdot 6380000\,\text{m}}{24 \cdot 3600\,\text{s}} = 464\,\text{m/s}$$

(2) GPS 衛星は，万有引力によって，半径 $R_0 + H$ の円運動をしているので，その質量を m とすれば，

$$m\frac{v_1^2}{R_0 + H} = G\frac{Mm}{(R_0 + H)^2} \quad\Rightarrow\quad v_1 = \sqrt{\frac{GM}{R_0 + H}}$$

となる. したがって，

$$v_1 = \sqrt{\frac{3.986 \times 10^{14}\,\text{m}^3/\text{s}^2}{(6380 + 20184) \times 10^3\,\text{m}}} = 3874\,\text{m/s}$$

(3)

$$\Delta t_0 - 1 = \sqrt{1 - \left(\frac{v_0}{c}\right)^2} \times 1 - 1 = -0.1198 \times 10^{-11}\,\text{s}$$

$$\Delta t_1 - 1 = \sqrt{1 - \left(\frac{v_1}{c}\right)^2} \times 1 - 1 = -8.348 \times 10^{-11}\,\text{s}$$

地表と GPS 衛星との時間差は互いの相対速度から求めなければならないが，それは時間変化するので正確な値を求めるには複雑な計算が必要になる．しかし，地表の座標系と静止系との時間差は GPS 衛星と静止系との時間差に比べて 1/70 程度と小さい．そこで，次の問題では GPS 衛星と静止系との時間差に注目する．

(4) 1 日当たり，GPS 衛星の時計は地表の時計に対し，$8.35 \times 10^{-11} \times 3600 \times 24 = 7.2 \times 10^{-6}\,\text{s}$ 遅くなる．　　　　　　　　　　　　　　　　　　　　　　　□

問題 7.2.4

次に，重力の違いによる時計の遅れを考え，一般相対性理論による効果が位置の測定にどれだけ影響するのかを考えよう．地球の重力下における時間の進み方 $\Delta T'$ は，法則 7.6 にあるように，平坦な時空での時間の進み方 ΔT に対して

$$\Delta T' = \sqrt{1 - \frac{2GM}{rc^2}}\,\Delta T \qquad (7.2.9)$$

で与えられる．ここで，r は天体中心からの距離である．

(5) 静止している座標系での 1 秒は地表で ΔT_0，GPS 衛星で ΔT_1 とする．ΔT_0，ΔT_1 と静止している座標系での 1 秒との差はどれだけか．

(6) (5) で求めた差が，1 日分蓄積されるとどれだけの差になるか．
運動する速さによる時計の進み方に対する効果と重力の効果を合わせて考える．

(7) これらの補正を行わないと，1 日で GPS 測距はどれだけずれるか．

▶ 解

(5) $\Delta T_0 - 1 = \sqrt{1 - \dfrac{2GM}{R_0 c^2}} \times 1 - 1 = -6.95 \times 10^{-10}\,\text{s}$

$\Delta T_1 - 1 = \sqrt{1 - \dfrac{2GM}{(R_0 + R_1)c^2}} \times 1 - 1 = -1.67 \times 10^{-10}\,\text{s}$

したがって，GPS 衛星での 1 秒は地表の 1 秒に対して，$\Delta T_1 - \Delta T_0 = 5.28 \times 10^{-10}\,\text{s}$ だけ早くなる．

(6) 1 日当たり，GPS 衛星の時計は地表の時計に対し，$5.28 \times 10^{-10} \times 3600 \times 24 = 45.63 \times 10^{-6}\,\text{s}$ 早くなる．

(7) (4) と (6) の結果より，重力の違いによる時計の遅れの方が影響が大きく，1 日当たり，$\Delta t = 38.4\,\mu\text{s}$ ずれが生じる．これは電波 (光) の到達距離の差にすると，$c\Delta t = 11.4\,\text{km}$ に相当する．　　　　　　　　　　　　　　　　　　　　　　　□

以上より，一般相対性理論の効果を含めて考えないと，GPS 測距は 1 日で 11.4 km も

現代量子力学入門

井田大輔 [著]

現代量子力学入門

井田大輔 著

QUANTUM MECHANICS

A5判／216頁

978-4-254-13140-6　C3042

定価3,630円
（本体3,300円）

2021年7月刊行

量子力学とは何かについて，落ち着いて考えてみたい人のための書。グリーンソンの定理，超選択則，スピン統計定理など，少しふみこんだ話題について詳しく解説。

現代相対性理論入門

A5判 240頁 定価3,960円（本体3,600円）
ISBN：978-4-254-13143-7 C3042

現代解析力学入門

A5判 244頁 定価3,960円（本体3,600円）
ISBN：978-4-254-13132-1 C3042

現代量子力学入門

A5判 216頁 定価3,630円（本体3,300円）
ISBN：978-4-254-13140-6 C3042

朝倉書店
〒162-8707 東京都新宿区新小川町6-29 ／ 振替 00160-9-8673 ／ 価格表示は2022年10月現在
電話03-3260-7631 ／ FAX03-3260-0180 ／ https://www.asakura.co.jp ／ eigyo@asakura.co.jp

【お申込み書】こちらにご記入のうえ、最寄りの書店にご注文下さい。

●お名前

●ご住所（〒　　　）　TEL

□公費／□私費

取扱書店

冊

ずれてしまい，まったく使い物にならないことがわかる．

　一般相対性理論は，巨大な質量の天体が及ぼす時間と空間のゆがみを議論する学問であるため，発見したアインシュタインさえも，日常生活に影響を与えることはない，と考えていた．しかし，100 年後の私たちは，GPS のような精密な装置を利用することになり，時空のゆがみを考慮しないといけない世の中になっているのだ．アインシュタインもさぞ驚いていることだろう．

■D Coffee Break 11（時間・空間・人間）

　物理の授業で力学を勉強すると，物体がどのように動いていくのか，というのが大事な問題になる．その答えを与えてくれるのが運動の法則で，そこには「時間」という概念が登場する．小さい頃から時計の読み方を教わるので，「時間」は当たり前に知っていることと思いがちだが，実はこれがなかなか難しいのである．

　ニュートンは『プリンキピア』の中で，「絶対時間とはその本質において外界となんら関係することなく，一様に流れこれを持続と呼ぶことができるもの」と定義している．堅苦しい言い方だが，要するに時間はあらゆるものと関係なく一様に流れていく，ということである．みなさんが普通に物理で考えている常識的な時間と同じではないだろうか．

　この常識に異を唱えたのがアインシュタインである．1905 年，アインシュタインは時間は絶対的に流れていくのではなく，その進み方は観測する人（の速度）によって異なり，また，その空間的な位置によって時刻も違ってくると提唱した．この特殊相対性理論によると時間は空間と独立ではなく，互いに関係づけられているという．「時空」という概念の登場である．

　さらに，その 10 年後に提唱された一般相対性理論では，時空は物体やそれらの間にはたらく力（相互作用）が存在することによってゆがんでしまうという．時間や空間がゆがむとは？　詳しくは 7.0.2 項を参考にしていただきたいが，大事なことは，これで「時間」「空間」「もの」「力」がそれぞれ独立ではなく，互いに影響を及ぼし合っているということである．この 4 つは宇宙の構成要素のすべてであり，これらを知るということは，宇宙を知るということである．なんとも壮大な話である．

　そして，そこに「人間」が関わってくるとさらに不思議になる．絶対時間の説明で，「常識的な時間」と書いたが，本当の意味で常識的な時間とはなんだろうか．みなさんが時間を感じるときには，「認知」というプロセスが入ってくる．これにより，時間は心理学や宗教などとも関わった問題へと拡張されるのである．

　実は最先端の物理学でも時間の本質がなんなのかはわかっていない．小さい子供でも知っている「時間」が物理学の最先端の問題と直結しているのは興味深いことである．

7.3 質量とエネルギーの等価性

■ $E = mc^2$　　　　　　　　　　　　　　　　　　　　　　　　　★★☆

アインシュタインが特殊相対性理論から導いた，質量とエネルギーの等価性

$$E = mc^2 \tag{7.0.8}$$

は世界で最も有名な物理学の方程式ともいわれている．原子力による発電の原理はこの式がもとになっているし，人間を含め地球の生命は多くを太陽のエネルギーに依存しているが，太陽が輝くメカニズムもその根本はこの方程式にあるといえる．以下ではこの質量とエネルギーの等価性の式に関連した問題を考えよう．

はじめに，特殊相対性理論でエネルギーが $E = mc^2$ となる理由を考える．

問題 7.3.1

(1) 速度の変換式 (7.0.4) より次の関係式を導け．

$$\sqrt{1 - (u_x/c)^2} = \frac{\sqrt{1 - (v/c)^2}}{1 + u'_x v/c^2} \sqrt{1 - (u'_x/c)^2} \tag{7.3.1}$$

この式を用いると，加速度の変換式 (7.0.5) が次のように書き換えられる．

$$\frac{1}{\left(\sqrt{1 - (u_x/c)^2}\right)^3} \frac{du_x}{dt} = \frac{1}{\left(\sqrt{1 - (u'_x/c)^2}\right)^3} \frac{du'_x}{dt'} \tag{7.3.2}$$

(2) 式 (7.3.2) より次の関係式を導け．

$$\frac{d}{dt}\left(\frac{u_x}{\sqrt{1 - (u_x/c)^2}}\right) = \frac{d}{dt'}\left(\frac{u'_x}{\sqrt{1 - (u'_x/c)^2}}\right) \tag{7.3.3}$$

▶ 解

(1)

$$\begin{aligned}
1 - (u_x/c)^2 &= 1 - \frac{1}{c^2}\left(\frac{u'_x + v}{1 + u'_x v/c^2}\right)^2 = \frac{(1 + u'_x v/c^2)^2 - (u'_x + v)^2/c^2}{(1 + u'_x v/c^2)^2} \\
&= \frac{\left(1 + 2u'_x v/c^2 + (u'_x v/c^2)^2\right) - \left((u'_x/c)^2 + 2u'_x v/c^2 + (v/c)^2\right)}{(1 + u'_x v/c^2)^2} \\
&= \frac{1 - (v/c)^2}{(1 + u'_x v/c^2)^2}\left(1 - (u'_x/c)^2\right)
\end{aligned}$$

となり，この両辺の平方根をとれば式 (7.3.1) が得られる．

(2) 式 (7.3.3) 左辺の微分を実行すると

$$\frac{d}{dt}\left(\frac{u_x}{\sqrt{1 - (u_x/c)^2}}\right) = \frac{1}{1 - (u_x/c)^2}\left(\sqrt{1 - (u_x/c)^2} - u_x \cdot \frac{-u_x/c^2}{\sqrt{1 - (u_x/c)^2}}\right)\frac{du_x}{dt}$$

$$= \frac{1}{\left(\sqrt{1 - (u_x/c)^2}\right)^3} \left(1 - (u_x/c)^2 + (u_x/c)^2\right) \frac{du_x}{dt}$$

$$= \frac{1}{\left(\sqrt{1 - (u_x/c)^2}\right)^3} \frac{du_x}{dt}$$

となって，式 (7.3.2) の左辺となる．右辺も同様に得られる． □

式 (7.3.3) は，ローレンツ変換により形が変わらない式の一例である．ニュートンの運動方程式もこのように異なる慣性系でも同じ形にしたい．つまり，特殊相対性原理をみたすようにする．そこで，少々唐突ではあるがこの結果を踏まえ，m_0 を質量の次元をもった物質に固有の定数で，観測する座標系によらない量とする．そして，速度 $\vec{u}$ で運動する質点の運動量 $\vec{p}$ を次の式で定義する．

$$\vec{p} = \frac{m_0 \vec{u}}{\sqrt{1 - (u/c)^2}} = m\vec{u}, \quad m = \frac{m_0}{\sqrt{1 - (u/c)^2}} \tag{7.3.4}$$

ここで，$u = |\vec{u}| = \sqrt{u_x^2 + u_y^2 + u_z^2}$ である．式 (7.3.4) は，ニュートン力学における質量 m が速さ u によって変化することを意味している．このとき，

$$\frac{d\vec{p}}{dt} = \frac{d}{dt}\left(\frac{m_0 \vec{u}}{\sqrt{1 - (u/c)^2}}\right) = \frac{m_0}{\sqrt{1 - (u/c)^2}} \frac{d\vec{u}}{dt} + \frac{m_0/c^2}{\left(\sqrt{1 - (u/c)^2}\right)^3} u \frac{du}{dt} \vec{u}$$

である．

問題 7.3.2

ニュートン力学では，仕事率 $\dfrac{d\vec{p}}{dt} \cdot \vec{u}$ は運動エネルギー K の変化する割合，$\dfrac{dK}{dt}$ に等しい．

(3) この考え方を用い，K を E と読み換えて $E = mc^2$ となることを確かめよ．

▶**解**

(3) $\vec{u} \cdot \dfrac{d\vec{u}}{dt} = u \dfrac{du}{dt} \left(= u_x \dfrac{du_x}{dt} + u_y \dfrac{du_y}{dt} + u_z \dfrac{du_z}{dt}\right)$ となるので，

$$\frac{d\vec{p}}{dt} \cdot \vec{u} = \left(\frac{m_0}{\sqrt{1 - (u/c)^2}} + \frac{m_0/c^2}{\left(\sqrt{1 - (u/c)^2}\right)^3} u^2\right) u \frac{du}{dt} = \frac{m_0}{\left(\sqrt{1 - (u/c)^2}\right)^3} u \frac{du}{dt}$$

$$= \frac{d}{dt}\left(\frac{m_0 c^2}{\sqrt{1 - (u/c)^2}}\right)$$

と変形できる．したがって

$$E = \frac{m_0 c^2}{\sqrt{1 - (u/c)^2}} = mc^2 \tag{7.3.5}$$

となる． □

$p = |\vec{p}|$ とすると,

$$E^2 - (pc)^2 = (m_0 c^2)^2 \tag{7.3.6}$$

が得られる. 光子では $E = h\nu$, $p = \dfrac{h}{\lambda} = \dfrac{h\nu}{c}$ であるから, $m_0 = 0$ である.

■ 太陽の寿命   ★★☆

　太陽が誕生したのは約 46 億年前と考えられている. 物理法則がそろい始めた 19 世紀末, 太陽のエネルギー源はなにか, という大問題が解けずにいた. 当時, 太陽の年齢が 3 億年以上ということが知られていた. しかし化学反応（燃焼）で説明するには 3 億年でも長すぎたのだ. ケルビンとヘルムホルツは「太陽は大きな重力で収縮しているため, 周囲に熱を放出する」という説を考えたが, それでも太陽年齢は 2000 万年以上にはならなかった. 太陽にヘリウムの存在を発見した天文学者ロッキャーは「隕石が太陽に落下して発火している」説を唱えていた.

　この問題に解答を与えたのは, アインシュタインが 1905 年に提出した特殊相対性理論による, $E = mc^2$ という式である. この式をもとに, 1920 年, 天文学者エディントンは, 太陽内部での水素からヘリウムへの核融合反応が起きている可能性を指摘している. 太陽が水素でみたされていることが 1925 年にわかり, 1930 年代に物理学者チャンドラセカールとベーテによって核融合の理論研究が進むと, 太陽のエネルギー源が核融合反応であることがようやく明らかになる.

　太陽のエネルギー源が核融合反応であると考えると, 太陽の寿命を説明できることを確かめよう.

問題 7.3.3

　地球は太陽から $R = 1.50 \times 10^8$ km 離れている. 地球の位置で太陽から受けるエネルギーは, 単位面積当たり単位時間当たり約 1.37×10^3 J/(s·m^2) である（太陽定数という）.

(4) 太陽が 1 秒間に放射するエネルギー W を求めよ.

まず, 化学反応で太陽が輝いているとして, 太陽の寿命 T_1 を考えてみよう.

(5) 水素が酸素と化合し水を生成するとき, すなわち

$$\mathrm{H_2} + \frac{1}{2}\mathrm{O_2} \longrightarrow \mathrm{H_2O} + 284\,\mathrm{kJ}$$

の反応では, 水素 1 mol（2.02 g）当たり, 2.84×10^5 J の熱エネルギーが発生する. この化学反応式は実験室で得られる常温で液体の水が生成される場合の式だが, この水素燃焼反応によって太陽が放射しているとすれば, 1 秒間当たり, どれだけの水素が必要になるか.

(6) 太陽の質量 $M_\odot$ は, $M_\odot = 1.99 \times 10^{33}$ g である. このすべてが水素であって, どこかに酸素があり, 上記の化学燃焼反応が生じるとき, 太陽は何年間輝いていられるか.

この計算をすると，明らかに太陽の寿命は短い．

次に重力エネルギーの解放によって太陽が放射していると考えてみよう．もし，質量 M の天体が無限遠から半径 R の大きさまで重力収縮したとすると，重力エネルギーとして $G\dfrac{M^2}{R}$ 程度のエネルギーが解放される．太陽が質量を保ったまま，1 秒間に半径を ΔR だけ収縮させ，それが放射エネルギー W に変換されるのであれば，

$$G\frac{M^2}{R} = G\frac{M^2}{R-\Delta R} + W$$

と考えられる．

(7) 上式に従うと，半径は毎秒どれだけ小さくなっているか．万有引力定数は $G = 6.67 \times 10^{-11}\,\mathrm{m^3/(kg\cdot s^2)}$，現在の太陽半径は $R = 7.0 \times 10^8\,\mathrm{m}$ である．

(8) 現在の収縮速度のまま太陽が一定速度で小さくなっていくとすると，太陽の寿命 T_2 はどれだけになるか．

このメカニズムでも，明らかに太陽の寿命は短い．

そこで，水素がヘリウムになる核融合反応が太陽のエネルギー源であるとしよう．太陽の中心では，pp チェイン反応（陽子陽子連鎖反応）と呼ばれる連鎖的な核融合反応が起きている．p は陽子（proton）のことで，何段階かある反応をまとめると，

$$4\,^1\mathrm{H}^+ + 2\mathrm{e}^- \longrightarrow {}^4\mathrm{He}^{2+} + 2\nu_\mathrm{e} + 26.7\,\mathrm{MeV}$$

となる．すなわち，水素 1 g 当たり，$6.37 \times 10^{11}\,\mathrm{J}$ のエネルギーを生み出すことができる．

(9) 太陽の質量全体が水素でできていると考えると，太陽の寿命はどれだけと考えられるか．

▶解

(4) 太陽のエネルギーは，距離 R のところでは球の表面積 $4\pi R^2$ に広がるので，太陽が 1 秒間に放射するエネルギー W は，

$$W = 1.37 \times 10^3\,\mathrm{J/(s\cdot m^2)} \times 4\pi(1.50 \times 10^{11})^2\,\mathrm{m^2} = 3.87 \times 10^{26}\,\mathrm{J/s}$$

（本問は，温暖化のメカニズム ▶6.1節 の問題 (1) と同じである）．

(5) (4) のエネルギーを得るために，1 秒間に必要になる水素の量は

$$\frac{3.87 \times 10^{26}\,\mathrm{J/s}}{(2.84/2.02) \times 10^5\,\mathrm{J/g}} = 2.75 \times 10^{21}\,\mathrm{g/s}$$

(6) 水素を使い果たすまでの時間 $T_1\,[\mathrm{s}]$ を計算すると，

$$T_1 = \frac{1.99 \times 10^{33}\,\mathrm{g}}{2.75 \times 10^{21}\,\mathrm{g/s}} = 7.24 \times 10^{11}\,\mathrm{s} = 2.30 \times 10^4\,\mathrm{yr}$$

(7) $W = \dfrac{\Delta R}{R(R-\Delta R)}GM^2 \fallingdotseq \dfrac{\Delta R}{R^2}GM^2$ となるから，$\Delta R \fallingdotseq \dfrac{R^2}{GM^2}W = 7.18 \times 10^{-7}\,\mathrm{m}.$

(8) $T_2 = \dfrac{R}{\Delta R} = 9.75 \times 10^{14}\,\text{s} = 3.1 \times 10^7\,\text{yr}.$

(9) (4) のエネルギーを得るために，1 秒間に必要になる水素の量は

$$\frac{3.87 \times 10^{26}\,\text{J/s}}{6.37 \times 10^{11}\,\text{J/g}} = 6.08 \times 10^{14}\,\text{g/s}$$

水素を使い果たすまでの時間 $T_3\,[\text{s}]$ を計算すると，

$$T_3 = \frac{1.99 \times 10^{33}\,\text{g}}{6.08 \times 10^{14}\,\text{g/s}} = 3.27 \times 10^{18}\,\text{s} = 1.04 \times 10^{11}\,\text{yr} \qquad \square$$

したがって，十分に長い寿命が得られることがわかる．

7.4 マクスウェル方程式とローレンツ不変性

本節では，電場と磁場の相互作用を記述するマクスウェル方程式を紹介し，そのローレンツ変換との整合性を確認する．大学で学ぶ電磁気学の内容である．本節を読み通すには，ベクトルの外積 ▶第 1 巻付録 A.1 と偏微分およびベクトルの微分演算 ▶第 2 巻付録 B.2 の知識が必要となる．

1. マクスウェル方程式

■マクスウェル方程式 ★★★

第 2 巻で電場と磁場の従う式がマクスウェル方程式としてまとめられることを紹介した ▶第 2 巻付録 B.2 ．

法則 7.7（マクスウェル方程式）

　真空中の電磁場は，電荷密度を ρ〔C/m³〕，電流密度を $\vec{i}$〔A/m²〕として以下の方程式をみたす．

$$\mathrm{div}\,\vec{E} = \frac{\rho}{\varepsilon_0} \tag{7.4.1}$$

$$\mathrm{div}\,\vec{B} = 0 \tag{7.4.2}$$

$$\mathrm{rot}\,\vec{E} = -\frac{\partial \vec{B}}{\partial t} \tag{7.4.3}$$

$$\mathrm{rot}\,\vec{B} = \mu_0 \vec{i} + \mu_0 \varepsilon_0 \frac{\partial \vec{E}}{\partial t} \tag{7.4.4}$$

■電場・磁場がみたす方程式 ★★★

マクスウェル方程式は電場 $\vec{E}$ と磁束密度 $\vec{B}$ に関する連立の微分方程式であり，$\vec{E}, \vec{B}$ のそれぞれがみたす（時間を含んだ）偏微分方程式を導くことができる．まずはベクトル解析の公式を準備しよう．

問題 7.4.1

(1) $\mathrm{rot}\left(\mathrm{rot}\vec{E}\right)$ を $\vec{E}$ の時間微分を含む式で表せ．

(2) 任意のベクトル $\vec{A} = (A_x, A_y, A_z)$ に対して

$$\mathrm{rot}\left(\mathrm{rot}\vec{A}\right) = \mathrm{grad}\left(\mathrm{div}\vec{A}\right) - \Delta\vec{A}$$

が成り立つことを示せ．ここで

$$\mathrm{grad}\left(\mathrm{div}\vec{A}\right) = \left(\frac{\partial}{\partial x}\mathrm{div}\vec{A}, \ \frac{\partial}{\partial y}\mathrm{div}\vec{A}, \ \frac{\partial}{\partial z}\mathrm{div}\vec{A}\right) \tag{7.4.5}$$

$$\Delta \vec{A} = \frac{\partial^2 \vec{A}}{\partial x^2} + \frac{\partial^2 \vec{A}}{\partial y^2} + \frac{\partial^2 \vec{A}}{\partial z^2} \tag{7.4.6}$$

(3) 電場 $\vec{E}$（および磁束密度 $\vec{B}$）がみたす偏微分方程式を求めよ.

▶ 解

(1) マクスウェル方程式を用いて変形する.

$$\mathrm{rot}\left(\mathrm{rot}\vec{E}\right) = \mathrm{rot}\left(-\frac{\partial \vec{B}}{\partial t}\right) = -\frac{\partial}{\partial t}\left(\mathrm{rot}\vec{B}\right) = -\mu_0 \frac{\partial \vec{i}}{\partial t} - \mu_0 \varepsilon_0 \frac{\partial^2 \vec{E}}{\partial t^2}$$

(2) $\mathrm{rot}\,(\mathrm{rot}\vec{A})$ の x 成分を具体的に書いてみると

$$\frac{\partial}{\partial y}\left(\frac{\partial A_y}{\partial x} - \frac{\partial A_x}{\partial y}\right) - \frac{\partial}{\partial z}\left(\frac{\partial A_x}{\partial z} - \frac{\partial A_z}{\partial x}\right)$$

$$= \frac{\partial}{\partial x}\left(\frac{\partial A_y}{\partial y} + \frac{\partial A_z}{\partial z}\right) - \frac{\partial^2 A_x}{\partial y^2} - \frac{\partial^2 A_x}{\partial z^2}$$

$$= \frac{\partial}{\partial x}\left(\mathrm{div}\vec{A} - \frac{\partial A_x}{\partial x}\right) - \frac{\partial^2 A_x}{\partial y^2} - \frac{\partial^2 A_x}{\partial z^2} = \frac{\partial}{\partial x}\left(\mathrm{div}\vec{A}\right) - \Delta A_x$$

となり，$\mathrm{grad}(\mathrm{div}\vec{A}) - \Delta\vec{A}$ の x 成分となる. y, z 成分も同様に計算できる.

(3) $\mathrm{div}\vec{E} = \dfrac{\rho}{\varepsilon_0}$ だから，(2) の関係式と (1) の結果より

$$\mu_0 \varepsilon_0 \frac{\partial^2 \vec{E}}{\partial t^2} - \Delta\vec{E} = -\mu_0 \frac{\partial \vec{i}}{\partial t} - \frac{1}{\varepsilon_0}\mathrm{grad}\rho \tag{7.4.7}$$

となる. 同様に $\mathrm{rot}\left(\mathrm{rot}\vec{B}\right)$ を調べることで，磁束密度 $\vec{B}$ が次の式をみたすことがわかる.

$$\mu_0 \varepsilon_0 \frac{\partial^2 \vec{B}}{\partial t^2} - \Delta\vec{B} = \mu_0\,\mathrm{rot}\,\vec{i} \tag{7.4.8}$$

式 (7.4.7), (7.4.8) は右辺を波源とする**波動方程式**である.　　　□

問題 7.4.2

　電場が z 成分のみをもち y, z 座標に依存しない場合を考え，$\vec{E} = (0, 0, E_z(x, t))$ とおく.

(4) 電荷も電流もない空間で $E_z(x, t)$ がみたす偏微分方程式を求めよ.

(5) x 軸の正の向きに進む波長 λ, 周期 T, 振幅 A の正弦波 $A\sin 2\pi\left(\dfrac{t}{T} - \dfrac{x}{\lambda}\right)$ が

この方程式の解となるとき，λ, T がみたすべき条件を求めよ.

(6) (5) の $E_z(x, t)$ があるとき，この電場によって引き起こされる磁束密度 $\vec{B}$ を求め，この波が進む向きと電場・磁場が振動する方向の関係を述べよ.

▶解

(4) 問題の仮定により

$$\mu_0 \varepsilon_0 \frac{\partial^2 E_z}{\partial t^2} - \frac{\partial^2 E_z}{\partial x^2} = 0 \tag{7.4.9}$$

(5) 正弦波の式を式 (7.4.9) に代入して

$$\left\{ -\mu_0 \varepsilon_0 \left(\frac{2\pi}{T} \right)^2 + \left(\frac{2\pi}{\lambda} \right) \right\} A \sin 2\pi \left(\frac{t}{T} - \frac{x}{\lambda} \right) = 0 \quad \Rightarrow \quad \frac{\mu_0 \varepsilon_0}{T^2} = \frac{1}{\lambda^2}$$

この結果から，波の速さ $\frac{\lambda}{T}$ が $\frac{1}{\sqrt{\mu_0 \varepsilon_0}}$ であることがわかる．μ_0，ε_0 の値を代入する

とこの値は $3.00 \times 10^8 \, \text{m/s}$ となり，光の速さと同じであることが確かめられた．

(6) $\mathrm{rot} \vec{E}(x, t)$ は y 成分だけをもち，マクスウェル方程式 (7.4.3) より

$$\frac{\partial E_z}{\partial x} = \frac{\partial B_y}{\partial t} = -\frac{2\pi}{\lambda} A \cos 2\pi \left(\frac{t}{T} - \frac{x}{\lambda} \right)$$

となる．振動する磁束密度は，振動とは無関係な積分定数を 0 として

$$B_y(x, t) = -\frac{T}{\lambda} A \sin 2\pi \left(\frac{t}{T} - \frac{x}{\lambda} \right) = -\sqrt{\mu_0 \varepsilon_0} \, E_z(x, t)$$

と決まる．電場は z 軸方向に振動し，磁場は y 軸方向に振動する．これらの振動方向は互いに垂直で，いずれも波の進む向きと垂直な横波である．ベクトルの外積を用いれば，$\vec{E} \times \vec{B}$ が波の進む向きになる． □

　この波を電磁波という．振動する電場と磁場が互いに他を励起し，波として真空中を伝わるので，振動を伝える媒質（エーテル）は必要ない．

2. ローレンツ不変量

■運動量のローレンツ変換 ★★★

　ローレンツ変換 (7.0.1) のもとで，運動量がどのように変換するかを考えてみよう．そのため，まず速度の変換を調べる．慣性系 S(t, x, y, z) における速度を (u_x, u_y, u_z)，慣性系 S$'(t', x', y', z')$ における速度を (u'_x, u'_y, u'_z) とする．すでに見たように，

$$u'_x = \frac{u_x - v}{1 - u_x v/c^2} \tag{7.4.9}$$

であった．

> **問題 7.4.3**
>
> (7) u_y，u_z のローレンツ変換を求めよ．
>
> (8) $u = \sqrt{u_x^2 + u_y^2 + u_z^2}$，$u' = \sqrt{u'^2_x + u'^2_y + u'^2_z}$ として，以下の等式が成り立つことを示せ．
>
> $$\sqrt{1 - (u'/c)^2} = \frac{\sqrt{1 - (v/c)^2}}{1 - u_x v/c^2} \sqrt{1 - (u/c)^2} \tag{7.4.10}$$
>
> (9) 運動量の各成分のローレンツ変換を求めよ．

▶解

(7) ローレンツ変換 (7.0.1) と逆変換 (7.1.4) より

$$u'_y = \frac{dy'}{dt'} = \frac{dt}{dt'}\frac{dy'}{dt} = \frac{d}{dt'}\left(\frac{t' + (v/c^2)x'}{\sqrt{1-(v/c)^2}}\right)\frac{dy}{dt} = \left(\frac{1+(v/c^2)u'_x}{\sqrt{1-(v/c)^2}}\right)u_y$$

$$u'_z = \frac{dz'}{dt'} = \frac{dt}{dt'}\frac{dz'}{dt} = \frac{d}{dt'}\left(\frac{t' + (v/c^2)x'}{\sqrt{1-(v/c)^2}}\right)\frac{dz}{dt} = \left(\frac{1+(v/c^2)u'_x}{\sqrt{1-(v/c)^2}}\right)u_z$$

が得られる．この最右辺に式 (7.0.4) を代入して整理すると次のようになる．

$$u'_y = \frac{\sqrt{1-(v/c)^2}}{1-u_xv/c^2}u_y, \quad u'_z = \frac{\sqrt{1-(v/c)^2}}{1-u_xv/c^2}u_z \tag{7.4.11}$$

(8) 式 (7.0.4), (7.4.11) より，

$$1-(u'_x/c)^2 = 1 - \frac{1}{c^2}\left(\frac{u_x-v}{1-u_xv/c^2}\right)^2 = \frac{(1-u_xv/c^2)^2 - (u_x-v)^2/c^2}{(1-u_xv/c^2)^2}$$

$$= \frac{\left(1-2u_xv/c^2 + (u_xv/c^2)^2\right) - \left((u_x/c)^2 - 2u_xv/c^2 + (v/c)^2\right)}{(1-u_xv/c^2)^2}$$

$$= \frac{1-(v/c)^2}{(1-u_xv/c^2)^2}\left(1-(u_x/c)^2\right)$$

となる．また

$$(u'_y/c)^2 + (u'_z/c)^2 = \frac{1-(v/c)^2}{(1-u_xv/c^2)^2}\left((u_y/c)^2 + (u_z/c)^2\right)$$

が成り立つので，

$$\sqrt{1-(u'/c)^2} = \sqrt{1-(u'_x/c)^2 - (u'_y/c)^2 - (u'_z/c)^2}$$

$$= \frac{\sqrt{1-(v/c)^2}}{1-u_xv/c^2}\sqrt{1-(u/c)^2} \tag{7.4.12}$$

となることがわかる．

(9)

$$p'_x = \frac{m_0}{\sqrt{1-(u'/c)^2}}u'_x = \frac{m_0(1-u_xv/c^2)}{\sqrt{1-(v/c)^2}\sqrt{1-(u/c)^2}}\frac{u_x-v}{1-u_xv/c^2}$$

$$= \frac{1}{\sqrt{1-(v/c)^2}}\left(\frac{m_0u_x}{\sqrt{1-(u/c)^2}} - \frac{m_0v}{\sqrt{1-(u/c)^2}}\right)$$

$$= \frac{p_x - (v/c^2)E}{\sqrt{1-(v/c)^2}} \tag{7.4.13}$$

$$p'_y = \frac{m_0}{\sqrt{1-(u'/c)^2}}u'_y = \frac{m_0(1-u_xv/c^2)}{\sqrt{1-(v/c)^2}\sqrt{1-(u/c)^2}}\frac{\sqrt{1-(v/c)^2}}{1-u_xv/c^2}u_y$$

$$= \frac{m_0}{\sqrt{1-(u/c)^2}}u_y = p_y \tag{7.4.14}$$

$$p'_z = \frac{m_0}{\sqrt{1-(u'/c)^2}}u'_z = \frac{m_0(1-u_xv/c^2)}{\sqrt{1-(v/c)^2}\sqrt{1-(u/c)^2}}\frac{\sqrt{1-(v/c)^2}}{1-u_xv/c^2}u_z$$

$$= \frac{m_0}{\sqrt{1-(u/c)^2}}u_z = p_z \tag{7.4.15}$$

□

式 (7.4.13) を見ると，p_x のローレンツ変換に E が現れている．そこで E のローレンツ変換を計算してみると

$$E' = \frac{m_0c^2}{\sqrt{1-(u'/c)^2}} = \frac{m_0c^2(1-u_xv/c^2)}{\sqrt{1-(v/c)^2}\sqrt{1-(u/c)^2}} = \frac{E-vp_x}{\sqrt{1-(v/c)^2}}$$

となり，$(E/c, p_x, p_y, p_z)$ の組のローレンツ変換は，(ct, x, y, z) と同じ形になることがわかる．ここで，ベクトルの成分の次元を合わせるため c を挿入した．これらと同じ変換をする 4 つの変数の組を **4 元ベクトル** という．4 元ベクトルでは，最初の成分の 2 乗の符号を変え，残りの 3 つの成分の 2 乗を加えた量は，ローレンツ変換しても変わらず，

$$-(ct)^2+x^2+y^2+z^2 = -(ct')^2+x'^2+y'^2+z'^2 \tag{7.4.16}$$

$$-(E/c)^2+p_x^2+p_y^2+p_z^2 = -(E'/c)^2+p'^2_x+p'^2_y+p'^2_z$$

$$= -(m_0c)^2 \tag{7.4.17}$$

が成り立っている．このようにローレンツ変換で変化しない量を **ローレンツ不変量** という．

■ 力のローレンツ変換 ★★★

問題 7.4.4
　運動方程式が 2 つの慣性系 S と S' で同じ形になることから，特殊相対性理論における力の変換則を導くことができる．
(10) 力のローレンツ変換を求めよ．

▶ 解
(10) 運動量のローレンツ変換 (7.4.13)，時空の逆ローレンツ変換 (7.1.4) および速度のローレンツ変換 (7.0.4) を用いて，

$$F'_x = \frac{dp'_x}{dt'} = \frac{dt}{dt'}\frac{dp'_x}{dt} = \frac{d}{dt'}\left(\frac{t'+(v/c^2)x'}{\sqrt{1-(v/c)^2}}\right)\frac{d}{dt}\left(\frac{p_x-(v/c^2)E}{\sqrt{1-(v/c)^2}}\right)$$

$$= \left(\frac{1+(v/c^2)u'_x}{\sqrt{1-(v/c)^2}}\right)\left(\frac{\frac{dp_x}{dt}-(v/c^2)\frac{dE}{dt}}{\sqrt{1-(v/c)^2}}\right)$$

$$= \frac{1}{1-(v/c)^2}\left(1+\frac{v}{c^2}\frac{u_x-v}{1-u_xv/c^2}\right)\left(F_x-\frac{v}{c^2}\vec{F}\cdot\vec{u}\right) = \frac{F_x-(v/c^2)\vec{F}\cdot\vec{u}}{1-u_xv/c^2}$$

$$\tag{7.4.18}$$

ここで，$\dfrac{dp_x}{dt} = F_x$，$\dfrac{dE}{dt} = \vec{F}\cdot\vec{u}$ であることを用いた．また，

$$F'_y = \frac{dp'_y}{dt'} = \frac{dt}{dt'}\frac{dp'_y}{dt} = \frac{1+(v/c^2)u'_x}{\sqrt{1-(v/c)^2}}\frac{dp_y}{dt} = \frac{\sqrt{1-(v/c)^2}}{1-u_x v/c^2}F_y \tag{7.4.19}$$

$$F'_z = \frac{dp'_z}{dt'} = \frac{dt}{dt'}\frac{dp'_z}{dt} = \frac{1+(v/c^2)u'_x}{\sqrt{1-(v/c)^2}}\frac{dp_z}{dt} = \frac{\sqrt{1-(v/c)^2}}{1-u_x v/c^2}F_z \tag{7.4.20}$$

となる．F_x のローレンツ変換 (7.4.18) に現れる仕事率 $\vec{F}\cdot\vec{u}$ は次のように変換される．

$$\vec{F'}\cdot\vec{u'} = \frac{dE'}{dt'} = \frac{dt}{dt'}\frac{dE'}{dt} = \frac{\sqrt{1-(v/c)^2}}{1-u_x v/c^2}\frac{d}{dt}\left(\frac{E-vp_x}{\sqrt{1-(v/c)^2}}\right) = \frac{\vec{F}\cdot\vec{u}-vF_x}{1-u_x v/c^2} \tag{7.4.21}$$

□

これらの変換式から

$$\left(\frac{\vec{F'}\cdot\vec{u'}}{c}\right)^2 - F_x^{'2} = \frac{1}{(1-u_x v/c^2)^2}\left\{\left(\frac{\vec{F}\cdot\vec{u}-vF_x}{c}\right)^2 - \left(F_x - \frac{v}{c^2}\vec{F}\cdot\vec{u}\right)^2\right\}$$

$$= \frac{1-(v/c)^2}{(1-u_x v/c^2)^2}\left\{\left(\frac{\vec{F}\cdot\vec{u}}{c}\right)^2 - F_x^2\right\}$$

$$F_y^{'2} + F_z^{'2} = \frac{1-(v/c)^2}{(1-u_x v/c^2)^2}\left(F_y^2 + F_z^2\right)$$

となることがわかり，式 (7.4.10) を用いて以下のローレンツ不変量が見出される．

$$\frac{-\left(\vec{F'}\cdot\vec{u'}/c\right)^2 + F_x^{'2} + F_y^{'2} + F_z^{'2}}{1-(u'/c)^2} = \frac{-\left(\vec{F}\cdot\vec{u}/c\right)^2 + F_x^2 + F_y^2 + F_z^2}{1-(u/c)^2} \tag{7.4.22}$$

ゆえに $\left(\dfrac{\vec{F}\cdot\vec{u}/c}{\sqrt{1-(u/c)^2}}, \dfrac{F_x}{\sqrt{1-(u/c)^2}}, \dfrac{F_y}{\sqrt{1-(u/c)^2}}, \dfrac{F_z}{\sqrt{1-(u/c)^2}}\right)$ は4元ベクトルである．

3. マクスウェル方程式とローレンツ変換

■ 電磁場のローレンツ変換　　　　　　　　　　　　　　　★★★

問題 7.4.5
　電荷 q，速度 $\vec{u}$ の小物体にはたらく電磁気力は，電場を $\vec{E}$，磁束密度を $\vec{B}$ として $\vec{F} = q(\vec{E}+\vec{u}\times\vec{B})$ である．このとき，$\vec{F}\cdot\vec{u} = q\vec{E}\cdot\vec{u}$ となる．
　(11) 電磁場のローレンツ変換を求めよ．

▶ 解

(11) (10) で求めた力のローレンツ変換の式 (7.4.18)〜(7.4.20) から

$$q(E'_x + u'_y B'_z - u'_z B'_y) = \frac{q(E_x + u_y B_z - u_z B_y) - (v/c^2)q\vec{E}\cdot\vec{u}}{1-u_x v/c^2} \tag{7.4.23}$$

$$q(E_y' + u_z'B_x' - u_x'B_z') = \frac{\sqrt{1-(v/c)^2}}{1-u_xv/c^2}q(E_y + u_zB_x - u_xB_z) \tag{7.4.24}$$

$$q(E_z' + u_x'B_y' - u_y'B_x') = \frac{\sqrt{1-(v/c)^2}}{1-u_xv/c^2}q(E_z + u_xB_y - u_yB_x) \tag{7.4.25}$$

が得られる. 右辺の分母を払い, ローレンツ変換 (7.0.4), (7.4.11) を用いて慣性系 S′ の速度を S の速度に変換すると,

$$\left(1 - u_xv/c^2\right)E_x' + \sqrt{1-(v/c)^2}\left(u_yB_z' - u_zB_y'\right)$$
$$= E_x + u_yB_z - u_zB_y - (v/c^2)\left(u_xE_x + u_yE_y + u_zE_z\right)$$

$$\left(1 - u_xv/c^2\right)E_y' + \sqrt{1-(v/c)^2}u_zB_x' - (u_x - v)B_z'$$
$$= \sqrt{1-(v/c)^2}(E_y + u_zB_x - u_xB_z)$$

$$\left(1 - u_xv/c^2\right)E_z' + (u_x - v)B_y' - \sqrt{1-(v/c)^2}u_yB_x'$$
$$= \sqrt{1-(v/c)^2}(E_z + u_xB_y - u_yB_x)$$

となる. これらの式が u_x, u_y, u_z の任意の値に対して成り立つための条件を整理することで, $\vec{E}, \vec{B}$ の各成分のローレンツ変換が以下のように求められる.

$$E_x' = E_x, \qquad\qquad B_x' = B_x$$
$$E_y' = \frac{E_y - vB_z}{\sqrt{1-(v/c)^2}}, \qquad B_y' = \frac{B_y + (v/c^2)E_z}{\sqrt{1-(v/c)^2}} \tag{7.4.26}$$
$$E_z' = \frac{E_z + vB_y}{\sqrt{1-(v/c)^2}}, \qquad B_z' = \frac{B_z - (v/c^2)E_y}{\sqrt{1-(v/c)^2}}$$

仕事率 $\vec{F}\cdot\vec{u}$ のローレンツ変換 (7.4.21) からも電場 $\vec{E}$ のローレンツ変換が得られるが, これらは式 (7.4.26) と同じである. $\square$

■マクスウェル方程式のローレンツ不変性　　　　　★★★
電磁場のローレンツ変換を用いて, マクスウェル方程式のローレンツ変換を計算できる.

問題 7.4.6
　特殊相対性原理によりマクスウェル方程式はローレンツ変換に対して不変である.
(12) マクスウェル方程式がローレンツ変換に対して不変であることから, 電荷密度 ρ〔C/m³〕と電流密度 $\vec{i}$〔A/m²〕のローレンツ変換を求めよ.

▶解
(12) t', x' での微分は, ローレンツ逆変換 (7.1.4), (7.1.5) より, 次のように t, x での微分に書き換えられる.

$$\frac{\partial}{\partial t'} = \frac{\partial t}{\partial t'}\frac{\partial}{\partial t} + \frac{\partial x}{\partial t'}\frac{\partial}{\partial x} = \frac{1}{\sqrt{1-(v/c)^2}}\left(\frac{\partial}{\partial t} + v\frac{\partial}{\partial x}\right) \tag{7.4.27}$$

$$\frac{\partial}{\partial x'} = \frac{\partial t}{\partial x'}\frac{\partial}{\partial t} + \frac{\partial x}{\partial x'}\frac{\partial}{\partial x} = \frac{1}{\sqrt{1-(v/c)^2}}\left(\frac{v}{c^2}\frac{\partial}{\partial t} + \frac{\partial}{\partial x}\right) \tag{7.4.28}$$

y', z' はそれぞれ y, z と等しく，これらの微分も変わらない．したがって，慣性系 S′ において

$$\operatorname{div}\vec{E'} = \frac{\partial E'_x}{\partial x'} + \frac{\partial E'_y}{\partial y'} + \frac{\partial E'_z}{\partial z'}$$

$$= \frac{1}{\sqrt{1-(v/c)^2}}\left(\frac{v}{c^2}\frac{\partial}{\partial t} + \frac{\partial}{\partial x}\right)E_x + \frac{\partial}{\partial y}\frac{E_y - vB_z}{\sqrt{1-(v/c)^2}} + \frac{\partial}{\partial z}\frac{E_z + vB_y}{\sqrt{1-(v/c)^2}}$$

$$= \frac{1}{\sqrt{1-(v/c)^2}}\left(\frac{\partial E_x}{\partial x} + \frac{\partial E_y}{\partial y} + \frac{\partial E_z}{\partial z} - v\left(\frac{\partial B_z}{\partial y} - \frac{\partial B_y}{\partial z}\right) + \frac{v}{c^2}\frac{\partial E_x}{\partial t}\right)$$

$$= \frac{1}{\sqrt{1-(v/c)^2}}\left(\operatorname{div}\vec{E} - v\left(\frac{\partial B_z}{\partial y} - \frac{\partial B_y}{\partial z} - \mu_0\varepsilon_0\frac{\partial E_x}{\partial t}\right)\right)$$

となる．ここで $1/c^2 = \mu_0\varepsilon_0$ を用いた．慣性系 S におけるマクスウェル方程式より，

$$\operatorname{div}\vec{E} = \frac{\rho}{\varepsilon_0}, \quad \frac{\partial B_z}{\partial y} - \frac{\partial B_y}{\partial z} - \mu_0\varepsilon_0\frac{\partial E_x}{\partial t} = \left(\operatorname{rot}\vec{B} - \mu_0\varepsilon_0\frac{\partial \vec{E}}{\partial t}\right) \text{の } x \text{ 成分} = \mu_0 i_x$$

であるから，$v\mu_0 = v\mu_0\varepsilon_0/\varepsilon_0 = v/(c^2\varepsilon_0)$ より

$$\operatorname{div}\vec{E'} = \frac{\rho'}{\varepsilon_0}, \quad \rho' = \frac{\rho - (v/c^2)i_x}{\sqrt{1-(v/c)^2}} \tag{7.4.29}$$

となる．これで電荷密度のローレンツ変換 ρ' が得られた．同様に，

$$\operatorname{div}\vec{B'} = \frac{\partial B'_x}{\partial x'} + \frac{\partial B'_y}{\partial y'} + \frac{\partial B'_z}{\partial z'}$$

$$= \frac{1}{\sqrt{1-(v/c)^2}}\left(\frac{v}{c^2}\frac{\partial}{\partial t} + \frac{\partial}{\partial x}\right)B_x + \frac{\partial}{\partial y}\frac{B_y + (v/c^2)E_z}{\sqrt{1-(v/c)^2}} + \frac{\partial}{\partial z}\frac{B_z - vE_y}{\sqrt{1-(v/c)^2}}$$

$$= \frac{1}{\sqrt{1-(v/c)^2}}\left(\operatorname{div}\vec{B} + \frac{v}{c^2}\left(\frac{\partial E_z}{\partial y} - \frac{\partial E_y}{\partial z} + \frac{\partial B_x}{\partial t}\right)\right)$$

となり，$\operatorname{div}\vec{B} = 0$, $\dfrac{\partial E_z}{\partial y} - \dfrac{\partial E_y}{\partial z} + \dfrac{\partial B_x}{\partial t} = \operatorname{rot}\vec{E} + \dfrac{\partial \vec{B}}{\partial t}$ の x 成分 $= 0$ より

$$\operatorname{div}\vec{B'} = 0 \tag{7.4.30}$$

であることがわかる．次に，$\operatorname{rot}\vec{E'} + \dfrac{\partial \vec{B'}}{\partial t'}$ の各成分を調べよう．

$$\left(\operatorname{rot}\vec{E'} + \frac{\partial \vec{B'}}{\partial t'}\right) \text{の } x \text{ 成分} = \frac{\partial E'_z}{\partial y'} - \frac{\partial E'_y}{\partial z'} + \frac{\partial B'_x}{\partial t'}$$

$$= \frac{\partial}{\partial y}\frac{E_z + vB_y}{\sqrt{1-(v/c)^2}} - \frac{\partial}{\partial z}\frac{E_y - vB_z}{\sqrt{1-(v/c)^2}} + \frac{1}{\sqrt{1-(v/c)^2}}\left(\frac{\partial}{\partial t} + v\frac{\partial}{\partial x}\right)B_x$$

$$= \frac{1}{\sqrt{1-(v/c)^2}}\left(v\left(\frac{\partial B_x}{\partial x} + \frac{\partial B_y}{\partial y} + \frac{\partial B_z}{\partial z}\right) + \frac{\partial E_z}{\partial y} - \frac{\partial E_y}{\partial z} + \frac{\partial B_x}{\partial t}\right)$$

$$= \frac{1}{\sqrt{1-(v/c)^2}} \left(v\,\mathrm{div}\vec{B} + \left(\mathrm{rot}\vec{E} + \frac{\partial \vec{B}}{\partial t}\right) \ \text{の}\ x\ \text{成分} \right) = 0$$

$$\left(\mathrm{rot}\vec{E'} + \frac{\partial \vec{B'}}{\partial t'}\right) \ \text{の}\ y\ \text{成分} \ = \frac{\partial E'_x}{\partial z'} - \frac{\partial E'_z}{\partial x'} + \frac{\partial B'_y}{\partial t'}$$

$$= \frac{\partial E_x}{\partial z} - \frac{1}{\sqrt{1-(v/c)^2}} \left(\frac{v}{c^2}\frac{\partial}{\partial t} + \frac{\partial}{\partial x}\right) \frac{E_z + vB_y}{\sqrt{1-(v/c)^2}}$$

$$+ \frac{1}{\sqrt{1-(v/c)^2}} \left(\frac{\partial}{\partial t} + v\frac{\partial}{\partial x}\right) \frac{B_y + (v/c^2)E_z}{\sqrt{1-(v/c)^2}}$$

$$= \frac{\partial E_x}{\partial z} - \frac{1}{1-(v/c)^2} \left(\frac{v}{c^2}\frac{\partial E_z}{\partial t} + \frac{v^2}{c^2}\frac{\partial B_y}{\partial t} + \frac{\partial E_z}{\partial x} + v\frac{\partial B_y}{\partial x}\right)$$

$$+ \frac{1}{1-(v/c)^2} \left(\frac{\partial B_y}{\partial t} + \frac{v}{c^2}\frac{\partial E_z}{\partial t} + v\frac{\partial B_y}{\partial x} + \frac{v^2}{c^2}\frac{\partial E_z}{\partial x}\right)$$

$$= \frac{\partial E_x}{\partial z} - \frac{\partial E_z}{\partial x} + \frac{\partial B_y}{\partial t} = \left(\mathrm{rot}\vec{E} + \frac{\partial \vec{B}}{\partial t}\right) \ \text{の}\ y\ \text{成分} \ = 0$$

$$\left(\mathrm{rot}\vec{E'} + \frac{\partial \vec{B'}}{\partial t'}\right) \ \text{の}\ z\ \text{成分} \ = \frac{\partial E'_y}{\partial x'} - \frac{\partial E'_x}{\partial y'} + \frac{\partial B'_z}{\partial t'}$$

$$= \frac{1}{\sqrt{1-(v/c)^2}} \left(\frac{v}{c^2}\frac{\partial}{\partial t} + \frac{\partial}{\partial x}\right) \frac{E_y - vB_z}{\sqrt{1-(v/c)^2}} - \frac{\partial E_x}{\partial y}$$

$$+ \frac{1}{\sqrt{1-(v/c)^2}} \left(\frac{\partial}{\partial t} + v\frac{\partial}{\partial x}\right) \frac{B_z - (v/c^2)E_y}{\sqrt{1-(v/c)^2}}$$

$$= -\frac{\partial E_x}{\partial y} + \frac{1}{1-(v/c)^2} \left(\frac{v}{c^2}\frac{\partial E_y}{\partial t} - \frac{v^2}{c^2}\frac{\partial B_z}{\partial t} + \frac{\partial E_y}{\partial x} - v\frac{\partial B_z}{\partial x}\right)$$

$$+ \frac{1}{1-(v/c)^2} \left(\frac{\partial B_z}{\partial t} - \frac{v}{c^2}\frac{\partial E_y}{\partial t} + v\frac{\partial B_z}{\partial x} - \frac{v^2}{c^2}\frac{\partial E_y}{\partial x}\right)$$

$$= \frac{\partial E_y}{\partial x} - \frac{\partial E_x}{\partial y} + \frac{\partial B_z}{\partial t} = \left(\mathrm{rot}\vec{E} + \frac{\partial \vec{B}}{\partial t}\right) \ \text{の}\ z\ \text{成分} \ = 0$$

となり

$$\mathrm{rot}\vec{E'} = -\frac{\partial \vec{B'}}{\partial t'} \tag{7.4.31}$$

となることがわかる. 最後に, $\mathrm{rot}\vec{B'} - \dfrac{1}{c^2}\dfrac{\partial \vec{B'}}{\partial t'}$ の各成分を調べる.

$$\left(\mathrm{rot}\vec{B'} - \frac{1}{c^2}\frac{\partial \vec{E'}}{\partial t'}\right) \ \text{の}\ x\ \text{成分} \ = \frac{\partial B'_z}{\partial y'} - \frac{\partial B'_y}{\partial z'} - \frac{1}{c^2}\frac{\partial E'_x}{\partial t'}$$

$$= \frac{\partial}{\partial y} \frac{B_z - (v/c^2)E_y}{\sqrt{1-(v/c)^2}} - \frac{\partial}{\partial z} \frac{B_y + (v/c^2)E_z}{\sqrt{1-(v/c)^2}} - \frac{1}{c^2\sqrt{1-(v/c)^2}} \left(\frac{\partial}{\partial t} + v\frac{\partial}{\partial x}\right) E_x$$

$$= \frac{1}{\sqrt{1-(v/c)^2}}\left(-\frac{v}{c^2}\mathrm{div}\vec{E} + \left(\mathrm{rot}\vec{B} - \frac{1}{c^2}\frac{\partial \vec{E}}{\partial t}\right) \text{ の } x \text{ 成分}\right)$$

$$= \frac{\mu_0 i_x - (v/c^2)(\rho/\varepsilon_0)}{\sqrt{1-(v/c)^2}} = \mu_0 \frac{i_x - v\rho}{\sqrt{1-(v/c)^2}}$$

$$\left(\mathrm{rot}\vec{B'} - \frac{1}{c^2}\frac{\partial \vec{E'}}{\partial t'}\right) \text{ の } y \text{ 成分 } = \frac{\partial B'_x}{\partial z'} - \frac{\partial B'_z}{\partial x'} - \frac{1}{c^2}\frac{\partial E'_y}{\partial t'}$$

$$= \frac{\partial B_x}{\partial z} - \frac{1}{\sqrt{1-(v/c)^2}}\left(\frac{v}{c^2}\frac{\partial}{\partial t} + \frac{\partial}{\partial x}\right)\frac{B_z - (v/c^2)E_y}{\sqrt{1-(v/c)^2}}$$

$$\qquad - \frac{1}{c^2\sqrt{1-(v/c)^2}}\left(\frac{\partial}{\partial t} + v\frac{\partial}{\partial x}\right)\frac{E_y - vB_z}{\sqrt{1-(v/c)^2}}$$

$$= \frac{\partial B_x}{\partial z} - \frac{1}{1-(v/c)^2}\left(\frac{v}{c^2}\frac{\partial B_z}{\partial t} - \frac{v^2}{c^4}\frac{\partial E_y}{\partial t} + \frac{\partial B_z}{\partial x} - \frac{v}{c^2}\frac{\partial E_y}{\partial x}\right)$$

$$\qquad - \frac{1}{1-(v/c)^2}\left(\frac{1}{c^2}\frac{\partial E_y}{\partial t} - \frac{v}{c^2}\frac{\partial B_z}{\partial t} + \frac{v}{c^2}\frac{\partial E_y}{\partial x} - \frac{v^2}{c^2}\frac{\partial B_z}{\partial x}\right)$$

$$= \frac{\partial B_x}{\partial z} - \frac{\partial B_z}{\partial x} - \frac{1}{c^2}\frac{\partial E_y}{\partial t} = \left(\mathrm{rot}\vec{B} - \frac{1}{c^2}\frac{\partial \vec{E}}{\partial t}\right) \text{ の } y \text{ 成分 } = \mu_0 i_y$$

$$\left(\mathrm{rot}\vec{B'} - \frac{1}{c^2}\frac{\partial \vec{E'}}{\partial t'}\right) \text{ の } z \text{ 成分 } = \frac{\partial B'_y}{\partial x'} - \frac{\partial B'_x}{\partial y'} - \frac{1}{c^2}\frac{\partial E'_z}{\partial t'}$$

$$= \frac{1}{\sqrt{1-(v/c)^2}}\left(\frac{v}{c^2}\frac{\partial}{\partial t} + \frac{\partial}{\partial x}\right)\frac{B_y + (v/c^2)E_z}{\sqrt{1-(v/c)^2}} - \frac{\partial B_x}{\partial y}$$

$$\qquad - \frac{1}{c^2\sqrt{1-(v/c)^2}}\left(\frac{\partial}{\partial t} + v\frac{\partial}{\partial x}\right)\frac{E_z + vB_y}{\sqrt{1-(v/c)^2}}$$

$$= -\frac{\partial B_x}{\partial y} + \frac{1}{1-(v/c)^2}\left(\frac{v}{c^2}\frac{\partial B_y}{\partial t} + \frac{v^2}{c^4}\frac{\partial E_z}{\partial t} + \frac{\partial B_y}{\partial x} + \frac{v}{c^2}\frac{\partial E_z}{\partial x}\right)$$

$$\qquad - \frac{1}{1-(v/c)^2}\left(\frac{1}{c^2}\frac{\partial E_z}{\partial t} + \frac{v}{c^2}\frac{\partial B_y}{\partial t} + \frac{v}{c^2}\frac{\partial E_z}{\partial x} + \frac{v^2}{c^2}\frac{\partial B_y}{\partial x}\right)$$

$$= \frac{\partial B_y}{\partial x} - \frac{\partial B_x}{\partial y} - \frac{1}{c^2}\frac{\partial E_z}{\partial t} = \left(\mathrm{rot}\vec{B} - \frac{1}{c^2}\frac{\partial \vec{E}}{\partial t}\right) \text{ の } z \text{ 成分 } = \mu_0 i_z$$

となり

$$\mathrm{rot}\vec{B'} = \mu_0 \vec{i'} + \mu_0\varepsilon_0 \frac{\partial \vec{E'}}{\partial t'} \tag{7.4.32}$$

であることがわかる．ただし，電流密度 $\vec{i}$ のローレンツ変換は次の式で与えられる．

$$i'_x = \frac{i_x - v\rho}{\sqrt{1-(v/c)^2}}, \quad i'_y = i_y, \quad i'_z = i_z \tag{7.4.33}$$

式 (7.4.29)〜(7.4.33) はマクスウェル方程式がローレンツ変換に対して不変であることを示す．また，$(c\rho, i_x, i_y, i_z)$ は 4 元ベクトルで，次の関係式が成り立つ．

$$-(c\rho')^2 + (i'_x)^2 + (i'_y)^2 + (i'_z)^2 = -(c\rho)^2 + (i_x)^2 + (i_y)^2 + (i_z)^2$$

7.5 等価原理と局所慣性系

ニュートンの運動の第1法則である慣性の法則は，運動方程式が成立する条件として慣性系の存在を表している．つまり，慣性系というものが存在し，その系では運動方程式が成り立つというのである．

ところで，この大事な慣性系はどこにあるのだろうか．運動の第1法則には「力がはたらかなければ…」とある．しかし，地球上ではどこに行っても重力が作用する．筆者が大学時代に用いていた力学の本には「すべての星から遠く離れた宇宙のどこか」に慣性系があると書かれていたが，宇宙にはどこまで行っても星や銀河が存在し，それらの万有引力から逃れることはできない．つまり，この世の中には慣性系なんて存在しないと考えられる（実際には，物体にはたらく力の合力がゼロとなる系を慣性系と見なしているのである．例えば実験室の机の上では，重力と机が支える抗力がつりあって物体はずっと静止していることができる．そこで，机の上で静止している系を慣性系として実験している）．

しかし，真の慣性系を発見した人が現れた．それがアインシュタインである．そして，そこから一般相対性理論が始まった．この節では一般相対性理論の基本となる概念を扱っていく．

まずはニュートンの運動法則から始める ▶第1巻1.0節．運動の第1法則は「物体に外力が作用しないとき，その物体は静止あるいは等速直線運動の状態を続ける」というもので，慣性の法則とも呼ばれる．慣性の法則が成り立つ観測者の立場，つまりその系を慣性系という．第2法則は，「慣性系において質量 m の質点に外力 $\vec{F}$ が作用すると，質点は運動方程式 $m\vec{a} = \vec{F}$ で定まる加速度に従って運動する」である．

問題 7.5.1

質点2が質点1に力 $\vec{F}_{12}$ を及ぼすとき，同時に質点1は質点2に対し，力 $\vec{F}_{21} = \boxed{}$ を及ぼす．これを運動の第3法則（作用・反作用の法則）という．このとき，質点1と2の質量をそれぞれ m_1, m_2，加速度を $\vec{a}_1, \vec{a}_2$ とすると，運動方程式より $\dfrac{m_2}{m_1} = \boxed{}$ となる．

▶**解** 作用・反作用の法則は力 $\vec{F}_{12}$ と $\vec{F}_{21}$ において，それらの大きさが等しく，向きが反対で，それらの作用線が同一直線上にあることを表している．はじめの2つをベクトルの言葉で表すと $\vec{F}_{21} = \underset{\mathcal{P}}{-\vec{F}_{12}}$ となる．運動方程式は $m_1\vec{a}_1 = \vec{F}_{12}, m_2\vec{a}_2 = \vec{F}_{21}$ なので，作用・反作用の法則より $m_1\vec{a}_1 = -m_2\vec{a}_2$ が成り立ち，スカラーの式に直せば $\dfrac{m_2}{m_1} = \underset{\mathcal{A}}{\dfrac{|\vec{a}_1|}{|\vec{a}_2|}}$ となる． □

m_1 を基準の質量（単位質量）と決めておけば，それぞれの加速度を測ることにより m_2 を決めることができる．このように作用・反作用の法則を用いて物体の質量が決まる．ま

た，運動方程式に含まれている m は加速されにくさ，つまり質点の慣性の大きさを表す物理量であることもわかる．そこで，この質量 m を**慣性質量**という．

　質量には別の考え方もある．万有引力の法則によれば，質点 1 と質点 2 が距離 r だけ離れているとき，それらの間には大きさが $F = \dfrac{Gm_1 m_2}{r^2}$ の力がはたらく．ここで G は万有引力定数である．この式から万有引力はそれぞれの質点の質量に比例することがわかる．そこで，万有引力を測ることにより決まる物理量 m を**重力質量**という．上の説明からもわかるように，慣性質量と重力質量は異なる方法で決められている．したがって，同一のものである必要はまったくない．

問題 7.5.2

　地球と質点との間にはたらく万有引力を考える．質点の慣性質量を m_I，重力質量を m_G とする．地球を半径 R，重力質量 M の一様な球体とすると，万有引力は，地球を地球の中心に置かれた重力質量 M の質点に置き換えたときの万有引力と等しいことが示される．したがって，質点が地表近くの高さ h の位置にあるとき，万有引力の大きさは $F = \dfrac{GMm_G}{(R+h)^2} \fallingdotseq \dfrac{GMm_G}{R^2}$ となる．ここで，h が R に比べて非常に小さいとして無視した．これを運動方程式に代入すると，質点の加速度の大きさは m_I，m_G などを用いて $a = \boxed{\quad ウ \quad}$ で与えられる．

▶ **解**　運動方程式は $m_I a = \dfrac{GMm_G}{R^2}$ となる．したがって，$a = \underset{ウ}{\dfrac{GM}{R^2}\dfrac{m_G}{m_I}}$ である．□

ところで，私たちの世界では不思議なことに慣性質量と重力質量が等しいことが実験で確かめられており，$a = \dfrac{GM}{R^2}$ となる．これを**等価原理**という．また，地球の大きさに比べて十分狭い範囲では，この加速度の向きは同じ鉛直下向きと考えられる．したがって，地球の表面付近では万有引力による加速度は一定で，質点の性質によらない．地球の自転の効果などを無視すると，万有引力による加速度は地球の重力加速度 $\vec{g} = (0, 0, -g)$ と等しい．ここで鉛直上向きを z 軸にとった．実験から $g = |\vec{g}| \fallingdotseq 9.8\,\mathrm{m/s^2}$ が得られている．

問題 7.5.3

(1) 地球の半径を $R = 6.4 \times 10^3\,\mathrm{km}$，万有引力定数を $G = 6.7 \times 10^{-11}\,\mathrm{N \cdot m^2 / kg^2}$ として，地球の質量 M を求めよ．

(2) 太陽と同程度の質量をもつが，半径が $10\,\mathrm{km}$ ほどしかない中性子星という超高密度の天体が存在する．いま半径が $12.8\,\mathrm{km}$，質量が地球の質量の 4.0×10^5 倍の静止している中性子星を考える．中性子星の表面でも万有引力の法則が成り立つとして，その重力加速度の大きさは地球表面における重力加速度の大きさの何倍になるか求めよ．

▶ **解**

(1) 上の説明から,重力加速度の大きさは $g = \dfrac{GM}{R^2}$ となる.地球の半径が $R = 6.4 \times 10^6\,\mathrm{m}$ であることに注意すると,

$$M = \frac{gR^2}{G} = \frac{9.8 \times (6.4 \times 10^6)^2}{6.7 \times 10^{-11}} = \underline{6.0 \times 10^{24}\,\mathrm{kg}}$$

となる.

(2) 中性子星の半径と質量をそれぞれ R_{n}, M_{n} と書くと,中性子星表面における重力加速度の大きさは $g_{\mathrm{n}} = \dfrac{GM_{\mathrm{n}}}{R_{\mathrm{n}}^2}$ と表せる. $\dfrac{R_{\mathrm{n}}}{R} = \dfrac{12.8 \times 10^3\,\mathrm{m}}{6.4 \times 10^6\,\mathrm{m}} = 2.0 \times 10^{-3}$ を用いると,

$$\frac{g_{\mathrm{n}}}{g} = \frac{GM_{\mathrm{n}}}{R_{\mathrm{n}}^2}\bigg/\frac{GM}{R^2} = \left(\frac{M_{\mathrm{n}}}{M}\right)\left(\frac{R_{\mathrm{n}}}{R}\right)^{-2} = \frac{4.0 \times 10^5}{(2.0 \times 10^{-3})^2} = \underline{1.0 \times 10^{11}\,\text{倍}}$$

となる. □

第 1 巻でケプラーの法則と静止衛星の公転半径を利用して地球の質量を求めた ▶**第 1 巻 1.9 節** が,(1) のように地球の大きさと重力加速度を測定することでも得ることができる.重力加速度は,物体が落下するときの加速度を調べたり,振り子の周期を測定したりすることで値を導出できるし,地球の半径は高度な技術を用いた装置がなくても昔ながらの方法で求めることもできるので,こちらのやり方がおすすめかもしれない.

(2) に出てきた中性子星は太陽質量の 8～20 倍程度の質量をもつ恒星が,超新星爆発を起こした後に残される天体で,原子核にある中性子だけ隙間なく押し込んだ大きな原子核のようなものである.「大きな」といっても,半径は 10 km ほどしかなく,質量は太陽と同じくらいもある.そのために.密度は 1 cm^2 で 10 億トンにもなり,表面の重力加速度も (2) のように桁違いになる.このような強重力場ではニュートンの万有引力の法則は修正が必要となり,一般相対性理論で記述されることが知られている.

一般相対性理論はアインシュタインが 1915 年に提唱した重力,そして時空に関する理論であり,その着想は慣性系(そして非慣性系)から始まっている.

問題 7.5.4

一般に,慣性系に対して加速度 $\vec{a}$ で運動する観測者が(つまり非慣性系で)慣性質量 m_{I} の質点を見た場合,質点には慣性力 $\vec{F} = -m_{\mathrm{I}}\vec{a}$ がはたらく.一方で,鉛直上向きを正の向きにとると,地球に対して静止している部屋にある質点には $-m_{\mathrm{G}}\vec{g}$ の重力がはたらく.これは慣性系に対して加速度 $+\vec{g}$ で運動する観測者が受ける慣性力と等しい.そのために次のようなことが考えられる.窓がなく外の様子がわからない宇宙船が地球の上空に静止していると,その船室内ではすべての物体にその質量に比例した力 $-m_{\mathrm{G}}\vec{g} = -m_{\mathrm{I}}\vec{g}$ がはたらく.船室にいる人は自分が地球の近くにいることを知らなければ,慣性の法則が成立しないと思い,非慣性系にいると考えてしまう.このように,地球に対して静止した部屋にいる観測者の立場は非慣性系と見なされる.では,どのような部屋の系を慣性系だと見なすだろうか.

　そこで，自由落下している部屋を考えてみる．ここで，空気抵抗などは無視する．この部屋は加速度 $\vec{g}$ で落下し，室内では質点に $-m_\mathrm{I}\vec{g}$ の慣性力がはたらく．このとき，m_I と m_G が等しいので，これが重力 $m_\mathrm{G}\vec{g}$ と打ち消し合い，質点にはなんの力もはたらいていないように見える．したがって，慣性の法則が成り立ち，自由落下する部屋は慣性系と見なすことができる．

(3) 自由落下している 2 つの部屋 A と部屋 B を考える．部屋 A は時刻 t_A に，部屋 B は時刻 $t_\mathrm{B}\,(>t_\mathrm{A})$ に自由落下し始めた．それぞれの部屋にいる観測者の立場は慣性系なので，部屋 B は部屋 A に対して一定の速度で運動すると考えられる．地上から見た部屋 A, B の速度をそれぞれ $\vec{v}_\mathrm{A}$, $\vec{v}_\mathrm{B}$ として時刻 $t\,(>t_\mathrm{B})$ で表し，部屋 A と部屋 B の相対速度が一定であることを示せ．

(4) 物体が地上から斜めに放り上げられた．自由落下している部屋の観測者が時刻 t_0 に窓から見たところ，物体は図 7.5.1 のように速度 $\vec{v}_0$ で右上方に向かって運動していた．この観測者が見たその後の物体の軌跡を実線で描け．

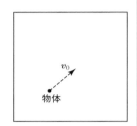

図 7.5.1　自由落下する部屋から見た物体の速度

▶ 解

(3) 部屋 A, B の時刻 t での速度は，それぞれ $\vec{v}_\mathrm{A}=\vec{g}(t-t_\mathrm{A})$, $v_\mathrm{B}=\vec{g}(t-t_\mathrm{B})$ と書ける．したがって，相対速度は $\vec{v}_\mathrm{B}-\vec{v}_\mathrm{A}=\vec{g}(t_\mathrm{A}-t_\mathrm{B})$ で一定となる．

(4) 物体と一緒に動く系もその加速度は $\vec{g}$ で「落下」しているので慣性系である．そのため，部屋と物体の相対速度は一定で常に $\vec{v}_0$ となる．したがって，物体の軌跡は図 7.5.2 のように直線になる．　　　　　□

　実際に，一般相対性理論ではこの部屋の系，つまり自由落下系を慣性系として理論を構築する．この慣性系の性質をもう少し見てみよう．

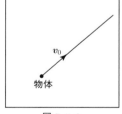

図 7.5.2

問題 7.5.5

　これまでは重力加速度 $\vec{g}$ を一定と考えてきたが，正確には高さや場所により，万有引力は異なっている．以下ではこの効果を取り入れる．図 7.5.3 のように，自由落下している質点 1 と 2 が，いま，「横」方向に距離 ℓ 離れて地表から高さ h の位置にある．運動方程式より 2 つの質点の加速度 $\vec{a}_1$, $\vec{a}_2$ の大きさは等しく，$R_1=R+h$

とすると $|\vec{a}_1| = |\vec{a}_2| = \dfrac{GM}{R_1^2}$ が得られる. しかし, 落下する向きは異なっているので, 質点 2 は質点 1 に対して相対的に加速度（相対加速度）$\vec{a} = \vec{a}_2 - \vec{a}_1$ をもつ. 図 7.5.3 より, その大きさを G, R_1, M, ℓ で表すと $|\vec{a}| = \boxed{\text{エ}}$ となる.

次に, 図 7.5.4 のように自由落下している質点 1 と 2 が「縦」方向に距離 ℓ だけ離れて, それぞれ地表から高さ h と $h+\ell$ の位置にある. 先ほどと同様に $|\vec{a}_1| = \dfrac{GM}{R_1^2}$, $|\vec{a}_2| = \dfrac{GM}{(R_1 + \ell)^2}$ が得られる. したがって, 相対加速度の大きさを G, R_1, M, ℓ で表すと $|\vec{a}| = \boxed{\text{オ}} \times \ell$ となる. ここで, ℓ が R_1 に対して十分小さいとして, 微小量 ε に対する近似式 $\dfrac{1}{(1+\varepsilon)^n} \fallingdotseq 1 - n\varepsilon$ を用いた.

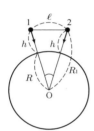

図 7.5.3 「横」方向に離れた物体の自由落下

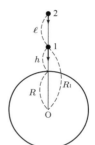

図 7.5.4 「縦」方向に離れた物体の自由落下

▶ **解** 図 7.5.3 で質点 1, 2 の位置と地球の中心 O を結んでできる二等辺三角形と, 質点 1, 2 の加速度で作られる三角形は相似であり（図 7.5.5）, 相似比は $R_1 : \dfrac{GM}{R_1^2} = \ell : |\vec{a}|$ となる. したがって, $|\vec{a}| = \underbrace{\dfrac{GM\ell}{R_1^3}}_{\text{エ}}$ となる.

「縦」方向に並んで自由落下する場合は, それぞれの加速度は方向が同じなので,

$$|\vec{a}| = |\vec{a}_1| - |\vec{a}_2| = \frac{GM}{R_1^2} - \frac{GM}{(R_1 + \ell)^2}$$

$$= \frac{GM}{R_1^2} - \frac{GM}{R_1^2}\left(1 - \frac{2\ell}{R_1}\right) = \underbrace{\frac{2GM\ell}{R_1^3}}_{\text{オ}}$$

と計算できる. □

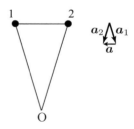

図 7.5.5

このように質点 1 と 2 の位置が離れていると, 質点 1 に対して質点 2 は相対加速度をもつ. 質点 1 を観測者に置き換えると, 質点 2 には見かけの力 $\vec{F} = m_2 \vec{a}$ がはたらいてい

るように見える．この見かけの力は潮汐力といわれ，惑星に落下する小惑星が途中でいくつもの破片に分裂する現象などに見られる．こうして，自由落下する慣性系は広がりをもたない局所的なもので，局所慣性系（局所ローレンツ系）と呼ばれる．

◗ Coffee Break 12（私たちは星の子）

　　印象派の画家ポール・ゴーギャンが描いた「我々はどこから来たのか，我々は何者なのか，我々はどこに行くのか」という絵がある．非常に哲学的で私たちの根源に迫る問いである．「どこから来たのか」について考えると，自分の祖先は…，人類の誕生は…，生命の誕生は…，そして，最終的には私たちの身体を構成している原子はどうやって誕生したのか，という疑問に行き当たる（もちろん異なる方向性で考えを深めることもできる）．

　　私たちの宇宙は約 138 億年前に誕生した．生まれたばかりの宇宙は高温・高密度で，素粒子でみちみちていた．宇宙の誕生から 0.00001 秒が経つと，素粒子であるクォークが 3 個ずつ集まって陽子や中性子が誕生した．ご存じの通り，陽子は水素の原子核である．つまり，これが水素原子の誕生である．

　　それから 1 秒が経過すると，陽子や中性子が合体し始め，ヘリウムや少量のリチウムが合成される．多くの原子は 3 分くらいで合成される．これをビッグバン元素合成という．

　　これより重たい元素はどうやってできるのか．それには数億年待たないといけない．しばらくすると宇宙に星（恒星）が誕生し，銀河などの構造を作り始める．宇宙の暗闇で星は輝いているが，燃えているわけではない．燃焼は物質が酸素分子と結合する化学反応だが，星の中心部で起こっているのは原子核どうしが結合する核融合反応であり，この反応を通じて，太陽質量程度の星では炭素まで，10 倍以上の重たい星では鉄までの質量数をもつ元素が合成される．

　　こうしてできた元素は星の中心部に存在するので，このままだと私たちの身体を作る材料とはなりえない．重たい星は鉄までの元素を合成すると，光分解を起こして自分自身の重力を支えることができなくなり，超新星爆発を起こしてその物質の大部分を宇宙空間にばらまくことになる．超新星爆発の超高圧下では鉄より重たい元素が構成され，また，超新星爆発で残された中性子星が他の中性子星と合体する過程で，金やプラチナ，レアアースなどが生成される．そして，散らばった重元素を含む塵は再び重力によって集まって，星になり，太陽になり，地球になった．それが 46 億年前である．

　　このように，私たちの身体を構成する酸素や炭素は夜空で輝いている星たちと同様の星で作られたのである．あらためて手をじっと見てみてほしい．あなたの手や身体は宇宙とつながっているのである．

7.6 重　力　波

■重力波の発生モデル　★★☆

一般相対性理論は，時間と空間がトランポリンの膜のようにゆがみ，そのゆがみによって生じる物体の運動が重力による運動である，と説明する．トランポリンのゆがむ原因は質量やエネルギー等であり，そのゆがみが波となって周囲に伝わっていく現象が重力波（gravitational wave）である．

アインシュタインが相対性理論を完成させてから100年経った2015年9月14日，重力波が初めて直接観測された．この重力波は，13億光年の彼方で連星系（図7.6.1）となっていた2つのブラックホールが互いのまわりを回転しながら次第に回転半径を縮め，衝突・合体したときに放出されたものだという．以下では2つのブラックホールを，質量 m_1, m_2 の2つの質点（ブラックホールは星ではないが以下，星1，星2と呼ぶ）と見なし，万有引力のもとでどのような運動をするかを力学的観点から調べてみよう．

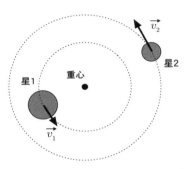

図 7.6.1　2つの星が互いに周回する連星系

■万有引力を及ぼし合う2質点の運動　★★☆

問題 7.6.1

星1，星2の位置ベクトルを $\vec{x}_1$, $\vec{x}_2$, 速度を $\vec{v}_1$, $\vec{v}_2$ とする．以下では，微小な時間 Δt における物理量 X の変化を ΔX と書き表すことにする．この書き方では，位置ベクトル $\vec{x}_1$ の変化（変位）は，速度ベクトル $\vec{v}_1$ を用いて，$\Delta \vec{x}_1 = \vec{v}_1 \Delta t$ となる．この式は，以下のように書いてもよい．

$$\vec{v}_1 = \frac{\Delta \vec{x}_1}{\Delta t}$$

Δt の間に星1の速度が $\Delta \vec{v}_1$ 変化したとする．星1にはたらく力は星2からの万有引力 $\vec{F}$ だけであるとすると，

$$m_1 \Delta \vec{v}_1 = \vec{F} \Delta t \tag{7.6.1}$$

という関係が成り立つ．式 (7.6.1) は運動量の変化が力積に等しいことを表している．一方，星1から星2にはたらく力は作用反作用の法則により $-\vec{F}$ となるので，星2の速度の変化を $\Delta \vec{v}_2$ として，次の関係式が成り立つ．

$$m_2 \Delta \vec{v}_2 = -\vec{F} \Delta t \tag{7.6.2}$$

式 (7.6.1), (7.6.2) より，次の式が導き出される．

$$m_1 \Delta \vec{v}_1 + m_2 \Delta \vec{v}_2 = \Delta(m_1 \vec{v}_1 + m_2 \vec{v}_2) = 0 \qquad (7.6.3)$$

(1) 式 (7.6.3) の表す物理的内容を簡潔に述べよ．

星 1，星 2 の重心の位置ベクトル $\vec{X}$，速度 $\vec{V}$，加速度 $\vec{A}$ は，次のように表される．

$$\vec{X} = \frac{m_1 \vec{x}_1 + m_2 \vec{x}_2}{m_1 + m_2}, \quad \vec{V} = \frac{\Delta \vec{X}}{\Delta t} = \frac{m_1 \vec{v}_1 + m_2 \vec{v}_2}{m_1 + m_2}, \quad \vec{A} = \frac{\Delta \vec{V}}{\Delta t}$$

(2) (1) の結果を踏まえ，重心がどのような運動をするか簡潔に述べよ．

▶解

(1) 式 (7.6.3) は，2 つの星の運動量の和が保存する（変化せず一定である）ことを意味する．もちろん外力はないとしている．

(2) 式 (7.6.3) より

$$\Delta \vec{V} = \frac{\Delta(m_1 \vec{v}_1 + m_2 \vec{v}_2)}{m_1 + m_2} = 0 \quad \Rightarrow \quad \vec{A} = 0$$

すなわち，等速直線運動になる．　　　　　　　　　　　　　　□

■ **換算質量**　　　　　　　　　　　　　　　　　　　　　　★★☆

問題 7.6.2

星 1 から見た星 2 の相対位置を表すベクトルを $\vec{r}$，相対速度を $\vec{v}$ とすると，

$$\vec{r} = \vec{x}_2 - \vec{x}_1, \quad \vec{v} = \frac{\Delta \vec{r}}{\Delta t} = \vec{v}_2 - \vec{v}_1$$

となる．式 (7.6.1), (7.6.2) より次の式が導かれる．

$$\mu \frac{\Delta \vec{v}}{\Delta t} = -\vec{F} \qquad (7.6.4)$$

(3) 式 (7.6.4) の μ を求めよ．

▶解

(3) $\dfrac{\Delta \vec{v}}{\Delta t} = \dfrac{\Delta \vec{v}_2}{\Delta t} - \dfrac{\Delta \vec{v}_1}{\Delta t} = -\dfrac{\vec{F}}{m_2} - \dfrac{\vec{F}}{m_1} = -\left(\dfrac{1}{m_1} + \dfrac{1}{m_2}\right)\vec{F} = -\dfrac{m_1 + m_2}{m_1 m_2}\vec{F}$

となるので $\mu = \dfrac{m_1 m_2}{m_1 + m_2}$．　　　　　　　　　　　　□

式 (7.6.4) は，星 1 を原点とする座標系で，質量 μ の質点（以下，質点 μ と呼ぶ）が，常に原点に向かう力 $-\vec{F}$（万有引力）を受けて運動しているときの運動方程式と見なすことができる．μ を **換算質量**（reduced mass）という．このように，2 質点の運動は重心の運動と 1 質点の運動（相対運動）に帰着される（reduce「減ら」される）．

「質量 m_2 の星が質量 m_1 の星のまわりを運動する」という表現は正しくないが，「質量 μ の星が質量 m_1 の星のまわりを運動する」と言い換えることができる．実際，μ は

$$\mu = m_2 \times \frac{1}{1 + \dfrac{m_2}{m_1}}$$

と書き換え，星 1 が星 2 よりも十分に大きな質量をもつ場合 $\left(\dfrac{m_2}{m_1} \ll 1\right)$ を考えると，$\mu \fallingdotseq m_2$ となり，星 2 が星 1 のまわりを動くと見なすことができる．例えば，月と地球の質量比は 10^{-2} 程度，地球と太陽の質量比は 10^{-6} 程度である．

■重力波の放出による軌道の接近　　　　　　　　　★★☆

2 つの質点の間にはたらく万有引力は，お互いの位置関係のみによって決まり，質点の速度には無関係である．以下では，質点 μ が星 1 を中心とする半径 r の円周上を，角速度 ω で等速円運動する場合を考えよう．

問題 7.6.3

質点 μ にはたらく力の大きさは万有引力定数を G として $G\dfrac{m_1 m_2}{r^2}$ である．また，無限の遠方を基準とした万有引力による位置エネルギーは $-G\dfrac{m_1 m_2}{r}$ である．

(4) 質点 μ の円運動について，向心方向の運動方程式を書き，角速度 ω を求めよ．

(5) 質点 μ の力学的エネルギー E を求めよ．

(6) 力学的エネルギー E と r との関係をグラフに描け．

(7) 重力波の放出により力学的エネルギーが失われると，半径 r，角速度 ω および質点 μ の速さはどのように変化するか．

▶ 解

(4) $\mu r \omega^2 = G\dfrac{m_1 m_2}{r^2}$　$\Rightarrow$　$\omega = \sqrt{G\dfrac{m_1 + m_2}{r^3}}$

周期の 2 乗は $\left(\dfrac{2\pi}{\omega}\right)^2 = \dfrac{4\pi r^3}{G(m_1 + m_2)}$ となるので，半径の 3 乗に比例している．ケプラーの第 3 法則である．

(5) 質量 μ の力学的エネルギー E は

$$E = \frac{1}{2}\mu(r\omega)^2 - G\frac{m_1 m_2}{r} = \frac{1}{2}\mu r^2 G\frac{m_1 + m_2}{r^3} - G\frac{m_1 m_2}{r} = -\frac{1}{2}G\frac{m_1 m_2}{r}$$

運動エネルギーを K，万有引力による位置エネルギーを U として，以下の関係がある．

$$E = K + U = -K = \frac{1}{2}U \tag{7.6.5}$$

(6), (7)　図 7.6.2 のように，運動の半径 r が減少する
と E は減少する．したがって，(4) より ω は増加
する．また，速さ v も

$$v = r\omega = \sqrt{G\frac{m_1 + m_2}{r}}$$

となり，増加する．　　　　　　　　　　□

エネルギーを失って速くなることを不思議に感じるか
もしれないが，式 (7.6.5) からわかるように，運動エネ
ルギーの増加の 2 倍に相当する位置エネルギーが減少し
ている．

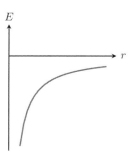

図 7.6.2　力学的エネルギー

■ **慣性系での考察**　　　　　　　　　　　　　　　★★☆

このように，星 1 と星 2 は慣性系において互いのまわりを回っており，星 1 を原点とす
る非慣性系での星 2 の運動が，換算質量を用いた質点の等速円運動として解析できた．こ
の問題を，両者が運動する慣性系で解析してみよう．

問題 7.6.4

星 1，星 2 が，共通の角振動数 ω_0 で，それ
ぞれ半径 r_1, r_2 の等速円運動をしていると考え
る．星 1，星 2 は互いに相手の方に向かう大き
さ $G\dfrac{m_1 m_2}{r^2}$ の万有引力を向心力として円運動す
るから，円運動の中心は，星 1，星 2 を結ぶ線
分上にあり，$r_1 + r_2 = r$ である（図 7.6.3）．
$r_1 = \dfrac{m_2}{m_1 + m_2}r$, $r_2 = \dfrac{m_1}{m_1 + m_2}r$ となるこ
とを示し全体の力学的エネルギーを求めよ．

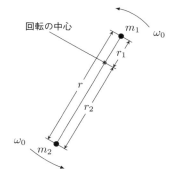

図 7.6.3　互いのまわりを回る星 1 と
星 2

▶ **解**　　星 1，星 2 の円運動の運動方程式より

$$m_1 r_1 \omega_0{}^2 = G\frac{m_1 m_2}{r^2} \quad \Rightarrow \quad r_1 = \frac{Gm_2}{(r\omega_0)^2} \tag{7.6.6}$$

$$m_2 r_2 \omega_0{}^2 = G\frac{m_1 m_2}{r^2} \quad \Rightarrow \quad r_2 = \frac{Gm_1}{(r\omega_0)^2} \tag{7.6.7}$$

したがって，

$$r_1 + r_2 = \frac{G(m_1 + m_2)}{(r\omega_0)^2} = r \quad \Rightarrow \quad \frac{G}{(r\omega_0)^2} = \frac{r}{m_1 + m_2} \tag{7.6.8}$$

この関係を式 (7.6.6), (7.6.7) に代入して r_1, r_2 が求められる。$\dfrac{r_1}{r_2} = \dfrac{m_2}{m_1}$ なので，回転の中心は星 1 と星 2 の重心であることがわかる．なお，式 (7.6.8) から

$$\omega_0 = \sqrt{G\frac{m_1 + m_2}{r^3}}$$

となり，(4) で求めた ω と等しいことが確認できる．力学的エネルギーは

$$\frac{1}{2}m_1\left(r_1\omega_0\right)^2 + \frac{1}{2}m_2\left(r_2\omega_0\right)^2 - G\frac{m_1m_2}{r} = -\frac{1}{2}G\frac{m_1m_2}{r}$$

となり，これも (5) の E と一致する． □

■ 重力波の放出 ★★☆

重心を中心とする座標系を重心系と呼ぶ．上の考察から，星 1，星 2 は重心系において，お互いに引き合う万有引力により同じ角速度 ω_0 で等速円運動している．一般に重心は加速度運動するが，いまは等速直線運動をするので，重心系は慣性系である．一般相対性理論に基づいて重力波が放出されると力学的エネルギーが減少する．

問題 7.6.5

図 7.6.4 に，力学的エネルギーが保存するときの星 1，星 2 の重心系における円軌道の一部を実線で描いた．重力波を放出して力学的エネルギーが失われていくとき，それぞれの星の軌道がどのように変わるかを示す概略図を描け．

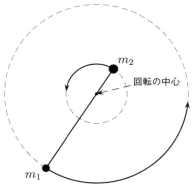

図 **7.6.4** 力学的エネルギーが保存するとき

▶ 解　　E が減少すると r が小さくなり，重
心に向かってスピードを上げながら落ち
込んでいく（図 7.6.5）．　　　　　□

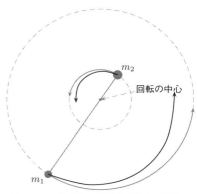

このようにして，連星系は重力波の形でエ
ネルギーを放出すると，互いに近づき，さら
に速度を増していく．連星の運動に応じて発
生する重力波の周期もだんだん短くなってい
く（振動数を上げていく）．太陽の数十倍の
質量をもつ連星ブラックホールではおよそ数
100 Hz の振動数で合体する．これは音に直す
と，次第に高音に（振動数を上げ），次第に大
きく（振幅が大きく）なる．小鳥のさえずり
（chirp）に似ていることから，チャープ信号
と呼ばれている．

図 **7.6.5**　重力波を放出するときの軌道の
概略図

■ レーザー干渉計のしくみ　　　　　　　　　　　　　　　　　　　　★☆☆

　次に，重力波検出の原理である干渉計のしくみを題材にしよう．干渉計は，19 世紀の終
わり，宇宙空間を光が伝播してくるときの媒質はなにか，という当時の大問題に答えるた
め，マイケルソンが考え出した装置である ▶ 7.0.1 節．当時の主流の学説では，宇宙空間
は「エーテル」と呼ばれる物質で充満されていて，光はエーテルを媒質として伝わってい
く，という学説が主流だった．もしそうであれば，太陽のまわりを公転する地球はエー
テルの海の中を行ったり来たりすることになり，光の速度がエーテル中で相対的に変化す
ることになる．マイケルソンは，年間を通じて干渉計を観測すれば，検出器での干渉縞模様
が変化するはずだと考え，弟子のモーリーと 6 年間の観測を行った．残念ながら干渉縞の
変化は観測されず，マイケルソンとモーリーは「エーテルの検出に失敗した」とする結果
を発表する．これが，後に，アインシュタインによって，光を基準にする物理学（相対性
理論）に結びつくことになる．現代の考え方では，光は真空中を伝播し，エーテルは存在
しなくてよい．

　マイケルソンとモーリーの干渉計は，1 つの腕の長さが約 2 m（光路長が 11 m）のもの
だった．現代では，アインシュタインの相対性理論が予言した重力波の検出に，腕の長さ
が 3 km（日本の KAGRA，ヨーロッパの Virgo）と 4 km（アメリカの LIGO）のレーザー
干渉計が用いられている．基本的なしくみは同じである．

問題 7.6.6

　図 7.6.6 は，干渉計と呼ばれる装置である．光源 A から発せられたレーザー光は，
ビームスプリッター B にて x 方向と y 方向に分離される．それぞれの光は，B から

距離 L〔m〕の位置にある鏡 M_x, M_y でそれぞれ反射し，もとの B に戻って再び合成されて検出器 D に到達する．ビームスプリッター B での反射と通過で，2 つの光には位相差が生じないとする．B–M_x と B–M_y の距離が等しいとき，検出器 D の光は同じ ｱ となるので強め合う．

　ブラックホールなどの巨大な質量をもつ天体が運動することによって，重力波が発生し，宇宙空間を伝わってくることが知られている．重力波が通過することによって，鏡 M_x までの距離が $L(1+h)$〔m〕になり，同時に鏡 M_y までの距離が $L(1-h)$〔m〕になったとする．検出器 D では，光の到達時間に差が生じ，干渉によって光の強度が変化する．

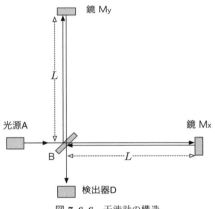

図 **7.6.6**　干渉計の構造

　装置全体は真空中に設置されているとする．光速を c とすると，鏡 M_x で反射する光は，重力波が通過していないときに比べて往復する時間が ｲ だけ余計にかかることになる．これを検出器での波 S_x として

$$S_x = A\sin\left\{2\pi\nu\left(t - \frac{2L}{c} - \boxed{}\right)\right\}$$

と表すことにしよう．ここで，A は光の振幅，ν はレーザー光の振動数である．鏡 M_y で反射する光も同様にして S_y とする．検出器 D で受け取る光は，重ね合わせの原理から，$S_x + S_y$ となる．三角関数の和積の公式

$$\sin A + \sin B = 2\sin\left(\frac{A+B}{2}\right)\cos\left(\frac{A-B}{2}\right)$$

を用いると，

$$S_x + S_y = 2A\sin\left\{2\pi\nu\left(t - \frac{2L}{c}\right)\right\}\cos\left(\boxed{}\right)$$

となる．時間を含まない部分は振幅と見なせるので，h の大きさによって検出器 D の

明るさが変化することがわかる．はじめに検出器 D で最大の輝度だった合成波が，打ち消し合って暗くなる条件は，整数 n を用いて ウ ＝ エ ×π のときである．

(7) 重力波はとても弱く，振幅 h の値は，とても小さい．$L = 3 \times 10^3$ m の干渉計を作り，波長 $\lambda = c/\nu = 1.0 \times 10^{-6}$ m のレーザー光線を用いるとき，検出器 D で，最大輝度からはじめて暗くなるほどの変化を及ぼす h の大きさはいくらか．

▶ **解**　ア　位相，　イ　$\dfrac{2Lh}{c}$，　ウ　$4\pi\nu Lh/c$，　エ　$\left(n + \dfrac{1}{2}\right)$．

(7) はじめて暗くなるのは，$\dfrac{4\pi\nu Lh}{c} = \dfrac{\pi}{2}$ となるときなので，

$$h = \frac{c}{8\nu L} = \frac{\lambda}{8L} = \frac{1 \times 10^{-6}}{8 \times 3 \times 10^3} = 4.2 \times 10^{-11} \qquad \square$$

　重力波は物体が加速運動することで発生するが，地球上ではいくら頑張って物体を動かしても微小な波でとうてい観測することができない．そこで宇宙空間にあるブラックホールの合体や超新星爆発などで発生する重力波を観測することになるが，距離が遠いと振幅は減少してしまう．そのため，この場合も微弱であるが，現在の技術力でどうにか観測できるようになった．重力波の振幅は，もとの長さがどれだけ伸縮したかという割合で表される．本問で導入した h は，実際に用いられている量で無次元量である．典型的には，$h \sim 10^{-22}$ である．太陽・地球間の距離 1.5×10^{11} m をもってしても，原子 1 つ分 $\sim 10^{-10}$ m に過ぎない．

　干渉計は微小な距離変化を測定できる装置だが，(7) で求めた h の大きさの測定精度では，実際の重力波の検出はできない．そこで，ビームスプリッター B と鏡の間で光を何往復もさせて実効的な L を大きくするなど，さまざまな工夫がされている．

　本問では，ビームスプリッター B で 2 つの光には位相差が生じないとしたが，実際には構造上 π の位相差が生じ，B–M_x と B–M_y の長さが等しいときに，検出器 D では弱め合った光になる．実際の重力波検出器では，鏡 M_x と M_y が常に B から等距離になるように電磁石で制御する．検出器 D でわずかな光が感じられたときには距離の変化が生じたときなので，電磁石で逆の力を加えてもとの状態に戻す．このようなフィードバックを行うことで時空のゆがみを電磁石に加える電圧変化として記録している．

7.7 ブラックホール

■ 脱出速度　　　　　　　　　　　　　　　　　　　　　　　　　　★☆☆

アインシュタインが一般相対性理論の重力場の方程式 (7.0.12) を得てすぐに，シュヴァルツシルトは，「静的球対称・真空・漸近的平坦」という仮定のもとに厳密解を導いた ▶7.0 節 ▶コラム 14．このシュヴァルツシルト解がブラックホールの存在する時空を表し，実際に宇宙にブラックホールが存在していることが示唆されたのは 50 年後であった．

問題 7.7.1

質量 M，半径 R の球形の天体がある．ニュートンの万有引力の法則では天体が及ぼす重力は，中心に質量が集中している万有引力として扱ってよい．この天体の表面から，その重力を振り切って無限遠に脱出するために必要な初速度（脱出速度）をニュートン力学を用いて求めよ．

▶ **解**　　天体の中心から距離 r の位置における位置エネルギーは，$-\dfrac{GM}{r}$ であるから，質量 m の物体が初速度 v_0（外向きを正とする）で脱出するとき，力学的エネルギー保存則から，

$$\frac{1}{2}mv_0^2 - \frac{GM}{R} = \frac{1}{2}mv^2 - \frac{GM}{r} \tag{7.7.1}$$

が成り立つ．ここで v は，距離 r のところでの速度である．$r \to \infty$ で $v > 0$ であれば，この天体の重力圏から脱出できた，と考えられるので，

$$\frac{1}{2}mv_0^2 - \frac{GM}{R} \geqq 0$$

が求める条件となる．したがって，$v_0 > \sqrt{\dfrac{2GM}{R}}$． □

大きな質量で半径が小さければ，大きな脱出速度が必要となる．世の中で最速の速さは光速 c なので，$c < \sqrt{\dfrac{2GM}{R}}$ となるような M, R の組み合わせだと，その天体からの脱出は不可能となる．このように，ニュートン力学での議論から「ブラックホール」の存在を予言したのが，18 世紀のミッチェルだった．一般相対性理論から導かれるシュヴァルツシルト解は，$R \leqq R_g \equiv \dfrac{2GM}{c^2}$ の領域が「ブラックホール」であることを示す．両者の結論は合致するが，係数まで含めて同じになるのは偶然である．

■ ブラックホールの直接撮像　　　　　　　　　　　　　　　　　　★★☆

2020 年 4 月，国際プロジェクト「イベント・ホライズン・テレスコープ（EHT: Event Horizon Telescope）」は，電波望遠鏡を用いてブラックホールの直接撮像にはじめて成功した，と発表した．ブラックホールの周囲で曲げられた光によって増光し，ドーナツのよ

うなリング状に見えた一枚の写真は，サイエンスの成果を確実に一歩前進させた．ここでは，撮影に必要となる望遠鏡の解像度を考えてみよう．

大きな望遠鏡ほどより多くの光を集めることができる．これを「口径（集光部の直径）が大きいほど感度が高い」などという．また，観測には分解能という概念もある．どれだけ細かいものを見分けることができるのか（角分解能），どれだけ短時間の現象を見分けることができるのか（時間分解能），どれだけ細かくエネルギーを判定できるのか（エネルギー分解能）などのように使われる．ここでは角分解能に注目する．

凸レンズの軸に平行な光線は，レンズを通過後焦点を通るが，実際はレンズを通過した多数の光線の重ね合わせになるので，それらの干渉の結果，焦点面上では大きさをもった像になる．2つの物体を見分けることの限界値は，円形レンズの場合には，

$$分解能〔rad〕= 1.22 \times \frac{波長\ \lambda〔m〕}{レンズ口径\ D〔m〕} \qquad (7.7.2)$$

$$分解能〔秒角〕= 0.25 \times \frac{波長\ \lambda〔\mu m〕}{レンズ口径\ D〔m〕} \qquad (7.7.3)$$

などとして与えられる[*6)]．

問題 7.7.2

人の視力はランドルト環（図 7.7.1）の空いている部分が見えるかどうかで判定される．5 m 離れたところにある直径 7.5 mm，切れ目の間隔 1.5 mm のランドルト環が見えれば視力 $V = 1.0$ となる．これは $\theta = 1$ 分角の角分解能に相当する．視力 V は

$$V = \frac{1}{\theta〔分角〕}$$

で定義される．

図 **7.7.1**　ランドルト環（実寸）

(1) 視力 2.0 の人の角分解能を求めよ．
(2) 人間の目の瞳孔は，直径約 4 mm である．可視光（中央値 550 nm）に対する人間の目の分解能はいくらか．このときの視力はいくらか．

▶**解**

(1) 2 倍の角分解能をもつことになるので，視力 1 の半分の 0.5 分角となる．

(2) $550\,\text{nm} = 550 \times 10^{-3}\,\mu\text{m}$ なので式 (7.7.3) より，

$$0.25 \times \frac{550 \times 10^{-3}}{4 \times 10^{-3}} = \frac{34.4}{60} = 0.57\ 分角$$

視力は $60/34.4 = 1.75$.　　　　　　　　　　　　　　　　　　　□

人の視力は 2.0 前後が限界値といえそうだ．世の中にはもっと視力の良い人がいるようだが，瞳孔が大きいか，視細胞を若干動かすことで動体視力を活用しているのであろう．

[*6)]　1 分角は $1°$ の 1/60，1 秒角は $1°$ の 1/3600，1 μ秒角はその 10^{-6} 倍である．ちなみに，1 μ秒角 $= 2\pi/(360 \times 3600 \times 10^6) = 4.85 \times 10^{-12}\,\text{rad}$ である．

問題 7.7.3

天の川銀河の中心部には「Sgr A*（いて座 A スター）」と呼ばれる太陽の 400 万倍の質量をもつブラックホールが存在する．万有引力定数 $G = 6.67 \times 10^{-11}$ m³/(kg·s²)，太陽質量 $M_\odot = 1.99 \times 10^{30}$ kg，光速 $c = 3.00 \times 10^8$ m/s とする．ブラックホールの半径はシュヴァルツシルト半径 $R_g = \dfrac{2GM}{c^2}$ で与えられるので（太陽質量ならば，$R_g = \boxed{\quad ア \quad}$ km であるから，Sgr A*のシュヴァルツシルト半径はその 400 万倍である）．

太陽から Sgr A* までの距離は 2 万 5640 光年である．1 光年は光が 1 年間に進む距離で，9.46×10^{12} km である．

(1) Sgr A*の直径を私たちが観測するならば，見込み角 α は，何 μ 秒角になるか．

(2) 望遠鏡の分解能（解像度）θ は，レンズの口径（直径）D と，観測する電磁波の波長 λ を用いて $\theta \fallingdotseq \dfrac{\lambda}{D}$ で与えられる．いま，$D = 8000$ km の望遠鏡があり，$\lambda = 1$ mm の電波（すなわち，$\boxed{\quad イ \quad}$ GHz）で観測するとき，分解能はいくらか．

▶**解**　シュヴァルツシルト半径の式に値を代入すると $R_g = \dfrac{2GM_\odot}{c^2} = \underline{2.95}_{ア}$ km.

(1) 1 μ 秒角 $= 2\pi/(360 \times 3600 \times 10^6) = 4.85 \times 10^{-12}$ rad である．また，Sgr A*の直径はそのシュヴァルツシルト半径の 2 倍なので

$$\alpha \fallingdotseq \frac{\text{Sgr A*の直径}}{\text{Sgr A*までの距離}} = \frac{2 \times 2.95 \times 4 \times 10^6 \text{ km}}{25640 \times 9.46 \times 10^{12} \text{ km}} \times \frac{1}{4.85 \times 10^{-12}} = 20 \, \mu \text{秒角}$$

(2) 波長と振動数の関係より $f = \dfrac{c}{\lambda} = \dfrac{3 \times 10^8 \text{ m/s}}{1 \times 10^{-3} \text{ m}} = 3 \times 10^{11}$ Hz $= \underline{300}_{イ}$ GHz

$$\theta \fallingdotseq \frac{10^{-6} \text{ km}}{8000 \text{ km}} \times \frac{1}{4.85 \times 10^{-12}} \fallingdotseq 25.8 \, \mu \text{秒角} \qquad\qquad \square$$

実際にはシュヴァルツシルトブラックホールの近傍で，物質が安定に周回運動できる半径は $3R_g$ より遠方であることが知られている．つまり，それより内側では物質はブラックホールに吸い込まれていく．そのため，撮像された写真の中央部のブラックホールの「影」の部分は，半径 $3R_g$ ほどの大きさと考えられる．Sgr A*の見かけの大きさは 60 μ 秒角程度であり，これを分解できるような望遠鏡が用意できればよい．本問からわかるのは，地球の半径を超える規模の大きさの電波望遠鏡で，ようやくブラックホールの撮像が可能になる，ということだ．

電波望遠鏡は口径が大きいほど微弱な電波を集めることができる．日本のグループは，以前から，石垣島・鹿児島・小笠原・水沢の各電波望遠鏡を用いた同時観測を行って，あたかも 1 つの大きな電波望遠鏡での撮像のように解析する超長基線電波干渉計（VLBI: Very Long Baseline Interferometry）の技術を磨いてきた．

EHT は，地球上にある 8 台の電波望遠鏡を同時に 1 週間，おとめ座銀河団にある楕円銀

河 M87（距離，約 5500 万光年）の中心に向けた．地球サイズの電波望遠鏡となり，20 μ 秒角の解像度をもつ．これは人間の視力でいうと，300 万に相当する．そして，解析に 2 年を要してブラックホール・シャドウの写真をはじめて実現した（Sgr A* のブラックホールでは一晩連続に撮影すると明るさに変動が予想されるため，遠方だが巨大なブラックホールがある M87 銀河がターゲットとなった）．撮影された写真から，M87 の中心にあるブラックホールの質量が，太陽の 65 億倍であることがわかった．また，同グループは，2022 年 5 月，天の川銀河の中心にあるブラックホールの直接撮像にも成功した，と発表した．

☕ Coffee Break 13（サイエンスコミュニケータ）

　物理学が進歩するにつれ，高エネルギー領域での実験や深宇宙領域の探査が不可欠になり，それに応じて必要となる実験・観測装置も巨大化した．素粒子の加速器 ▶第 2 巻 4.12 節 はその代表的なものであり，もはや 1 つの国では予算を出し切れないレベルである．ブラックホールの直接撮像 ▶7.7 節 や重力波の観測 ▶7.6 節 などは 1 つの装置だけではなにもできず，世界中の国々との共同観測が必須のものもある．こうした大規模な科学を「ビッグサイエンス」という．

　こうしたアカデミックな探求は，すぐに世の中を良くするように役立つ研究ではない．一般の方々の日常にとっては関係のない話であり，利益を追求する企業が興味をもつものでもない．そのため，大学や研究所を中心として，国の予算に頼ることになる．そうなると大事になるのは「国民の理解」だ．なぜ未知の素粒子の発見が重要なのか，どうして遠方の星々の質量がわかることが面白いのか，科学者には説明責任が生じる．

　多くの研究者はこれが苦手だ．毎日数式と格闘したり，実験装置と向き合う人々が，一般の方の前でその研究の重要性を説明することはできても，動画やインフォグラフィックを作成して印象的に伝えるのはハードルが高い．諸外国と比べても日本人研究者はその点を理解していないし，伝える技術が足りていない．最近，この橋渡しの役目がようやく意識され，サイエンスコミュニケータという職業をちらほら聞くようになった．博物館の学芸員を含め，研究者寄りの発信者である．多くの人の参入を望んでいる．

7.8 膨張する宇宙

■宇宙膨張の発見　　　　　　　　　　　　　　　　　　　★☆☆

　1929 年, ハッブルは, 宇宙全体が膨張していることを観測によって明らかにした. 遠方の銀河ほど, スペクトル線がドップラー効果 ▶第 1 巻 3.0.2 項 により赤方偏移 (redshift) していることの発見である. ハッブルが見つけたのは, 銀河の後退速度 v が, 銀河までの距離 d に比例して大きくなっている, という関係で, 比例定数を H とすれば,

$$v = Hd \qquad [km/s] = [(km/s)/Mpc] \cdot [Mpc] \tag{7.8.1}$$

である. ここで, H はハッブル定数と呼ばれる. 最近, ハッブルと同時期にルメートルもこの式を得ていたことがわかり, 式 (7.8.1) は, ハッブル・ルメートルの法則と呼ばれるようになった. ここで, [pc] は, 天文学で使われる距離の単位で約 3.26 光年を表し, [Mpc] はその 10^6 倍である.

問題 7.8.1

　ある銀河を観測したときに, そのスペクトル線の配置から, 光源となる銀河の後退速度を知ることができる. 赤方偏移の大きさを表すパラメータ z は, 光源の波長を λ_s, 観測された波長を λ_{obs} として,

$$z = \frac{\lambda_{obs} - \lambda_s}{\lambda_s} \tag{7.8.2}$$

で定義される. 静止している観測者が, 速度 v で遠ざかる光源からの光の波長を観測するとき, ドップラー効果の関係は, 光速を c とすると,

$$\frac{c}{\lambda_{obs}} = \frac{c}{c+v} \frac{c}{\lambda_s} \tag{7.8.3}$$

である.

(1) 式 (7.8.2), (7.8.3) から, 後退速度 v と赤方偏移パラメータ z の間には,

$$v = cz \tag{7.8.4}$$

　の関係が成り立つことを示せ.

　ハッブルは, この式を用いて, z の観測から v を求め, 一方でその銀河に含まれる変光星の明るさから銀河までの距離 d を算出した. ハッブル・ルメートルの法則 (7.8.1) から, v が一定だとすれば, 2 点間の距離 d は $\dfrac{d}{v} = \dfrac{1}{H}$ の時間だけ遡るとゼロになる. すなわち宇宙全体が膨張し, その年齢 t はハッブル定数の逆数 $t = 1/H$ で与えられることになる.

(2) $H = 100$ (km/s)/Mpc とすると, 宇宙年齢 t はいくらか.

(3) 現在得られている観測値 $H = 70$ (km/s)/Mpc から宇宙年齢 t はいくらか.

(4) ハッブルが観測から得た H は, $H = 530$ (km/s)/Mpc だった. この値から得ら

れる宇宙年齢 t はいくらか.

▶ 解

(1) 式 (7.8.2) より $\dfrac{\lambda_{\mathrm{obs}}}{\lambda_{\mathrm{s}}} = 1 + z$, 式 (7.8.3) から $\dfrac{\lambda_{\mathrm{obs}}}{\lambda_{\mathrm{s}}} = \dfrac{c+v}{c} = 1 + \dfrac{v}{c}$. 両者より,

$v = cz$ を得る.

(2) $1\,\mathrm{Mpc} = 3.26 \times 3.0 \times 10^5\,\mathrm{km/s} \times 1\,\mathrm{yr}\,(年) \times 10^6$ より,

$$\frac{1}{H} = \frac{1}{100\,(\mathrm{km/s})/\mathrm{Mpc}} = \frac{3.26 \times 3.0 \times 10^{11}\,\mathrm{km/s} \times 1\,\mathrm{yr}}{100\,\mathrm{km/s}}$$

$$= 9.78 \times 10^9\,\mathrm{yr} = 97.8\,億年$$

(3) 同様にして

$$\frac{1}{H} = \frac{9.78 \times 10^{11}}{70}\,\mathrm{yr} = 1.40 \times 10^{10}\,\mathrm{yr} = 140\,億年$$

(4) 同様にして

$$\frac{1}{H} = \frac{9.78 \times 10^{11}}{530}\,\mathrm{yr} = 1.85 \times 10^9\,\mathrm{yr} = 18.5\,億年 \qquad \square$$

　非常に大雑把な計算であるが, (3) の値は, 現在観測されている宇宙年齢が 138 億年であることとよく合致する. これに対して, ハッブルが得た値はこの 1/8 であった. これは, ハッブルの時代には, 距離測定の指標となる変光星にいくつかの異なる種類があることが理解されていなかったことと, ハッブルが明るい星と考えたものが実はイオン化された放射であって, どちらも実際の星よりも明るい方に誤って考えていたことが原因である. 宇宙膨張の発見とはいえ, そこから計算された宇宙年齢は, 当時知られていた地球年齢よりも短いもので, 宇宙膨張をそのまま信じる学者は少なかった.

■ オルバースのパラドックス   ★☆☆

　宇宙膨張が発見される前の 1920 年代中頃には, ハッブル自身は銀河までの距離を測定して, 恒星が集まって銀河を構成し, 銀河が集まって銀河団を構成し, さらにその銀河団が一様に広がっている, という宇宙モデルを示していた. これは, ニュートンの考えた「絶対空間に対して無限に広がった一様で静的な宇宙」の姿を, 天文観測によって明らかにした, と信じられた.

　しかし, ニュートンの描いた宇宙像に対して, 重大な問題があることが指摘されていた. オルバースのパラドックスと呼ばれるものである [*7].

[*7] オルバースが最初に提案したのではないが, こう呼ばれている. ド・シェゾーが最初に指摘したとされる.

> **問題 7.8.2**
>
> 　星が光を放つと，球面状に光は広がっていく．そのため，光のエネルギーは，距離の　ア　に比例して減少する．一方で，球面の面積は遠方に行くほど大きくなるので，その球面に含まれる星の数は距離の　イ　に比例して増える．したがって，全体としてはそれぞれの球面から届く光の量は等しくなり，宇宙全体に一様に星があるとすれば，夜空は明るい星の光で埋め尽くされるはずである．それなのに，夜空が暗いのはなぜか．これが，**オルバースのパラドックス**と呼ばれるものである．
>
> (5) 仮定されていることを検証して，このパラドックスを解決せよ．

▶ **解**　　球の表面積 S は，半径 r に対して，$S = 4\pi r^2$ となるので，エネルギーは r^2 に反比例して減少する．したがって，<u>逆2乗</u>ₐ に比例する．

　　半径 r と半径 $r + \Delta r$ の間に含まれる体積 ΔV は，

$$\Delta V = \frac{4}{3}\pi\{(r + \Delta r)^3 - r^3\} = \frac{4}{3}\pi\{3r^2\Delta r + 3r(\Delta r)^2 + (\Delta r)^3\} \fallingdotseq 4\pi r^2 \Delta r$$

$$(7.8.5)$$

したがって，宇宙に星が一様に（均一に）存在するならば，半径 r の<u>2乗</u>ᵢ に比例して，星の数が増加する．

(5) 星の光のエネルギーの減少率と星の数の増加率が相殺して夜空が明るいはずだ，とするこの主張にはさまざまな仮定がある．「宇宙全体に星が一様に」分布していて，「すべての星の光が認識されうる」という点である．私たちは，宇宙には銀河系があり，その上の構造には銀河団や銀河群があることを知っている．宇宙は一様に星があるわけではない．また，人間の肉眼で見える銀河は，せいぜい隣のアンドロメダ銀河（200万光年）であり，それより遠方の光を感じることは無理である [*8)]．したがって，無限遠方の星までの光を認識することはできず，このパラドックスの前提が成り立たない．

　　歴史的には，このパラドックスは，宇宙膨張を根拠にして説明されることも多い．主に次の2つがあげられる．

- 宇宙に年齢があることは，無限に遠方までの星の光が届くわけではなく，この推論が距離無限大まで拡張できないことを意味する．
- 遠方の銀河からの光が赤方偏移し，光のエネルギーは本来の光よりも小さくなる．

□

■ 宇宙の臨界密度　　　　　　　　　　　　　　　　　　　★★☆

　宇宙が膨張する原因は，アインシュタインが見出した「重力の正体」に起因する．彼は一般相対性理論として，「重力は，質量によってゆがんだ時空が及ぼす幾何学的なはたらき」であることを示し，その理論は弱い重力場では，ニュートンの万有引力の法則に帰着する

---

*8)　星の光を認識できること自体が，光子の存在証拠であることを第6章で取り上げた ▶問題 6.4.4 ．

ことを示した．重力は引力である．ボールを地球から天空へ打ち出すと，初速度が大きければ地球の重力圏を脱出して宇宙空間を永久に進むことができるが，初速度が小さいと地球へ落下してくる．宇宙膨張も同じで，ビッグバン時の膨張速度と宇宙全体の質量の関係によって，永久に膨張するのか，それともどこかで収縮をはじめ，最後にビッグクランチと呼ばれる一点に潰れて終わるのかの 2 つの運命がある．この境界となる宇宙の密度を臨界密度 ρ_c という．臨界密度は，本来，一般相対性理論を使って求められるが，ここでは，ニュートン理論を用いて同じ結果を導出してみよう．

問題 7.8.3

宇宙はビッグバンで誕生した後，ハッブル・ルメートルの法則に従ってハッブル定数 H_0 で膨張しているとする．すなわち，宇宙全体を球として考えると，その中心から半径 r にある銀河の後退速度 v は，$v = \boxed{\quad ウ \quad}$ と表される．いま，銀河の質量を m とする．銀河の運動エネルギーは，

$$K = \frac{1}{2}mv^2 = \frac{1}{2}m\left(\boxed{\quad ウ \quad}\right)^2$$

半径 r 内にある宇宙の質量 M は，宇宙の物質密度 ρ を用いて $M = \boxed{\quad エ \quad}$，したがって銀河の位置での万有引力による位置エネルギー U は，$U = \boxed{\quad オ \quad}$ となる．この銀河が無限遠でも速度 v_∞ で膨張方向（外向き）に進むならば，力学的エネルギー保存則によって

$$K + U = \frac{1}{2}mv_\infty^2 \geqq 0$$

となることが必要である．

(6) 銀河が永久に遠ざかることができるかどうかの境界となる臨界密度 ρ_c を求めよ．

(7) 現在得られている 138 億年という宇宙年齢から，$\dfrac{1}{H_0} = 1.38 \times 10^{10}$ 年，$G = 6.67 \times 10^{-11}$ N·m²/kg² を用いて，ρ_c〔kg/m³〕を計算せよ．

▶ **解**

(6) $v = \underset{ウ}{\underline{H_0 r}}$，$M = \underset{エ}{\underline{\dfrac{4\pi}{3}r^3\rho}}$，$U = \underset{オ}{\underline{-G\dfrac{Mm}{r}}}$　であるから，宇宙が膨張を続ける条件は

$$K + U = \frac{1}{2}mv^2 - G\frac{Mm}{r} = \frac{1}{2}m(Hr)^2 - G\frac{\frac{4\pi}{3}\rho r^3 m}{r} \geqq 0$$

となる．したがって，

$$\frac{1}{2}H^2 - G\frac{4\pi}{3}\rho \geqq 0$$

となり，$\rho > \dfrac{3H^2}{8\pi G}$ となる．すなわち，$\rho_c = \dfrac{3H^2}{8\pi G}$.　　　　□

この結果は，一般相対性理論を使って求めた結果と一致する．

(7) $1\,\mathrm{yr}\,(年) = 365 \times 24 \times 60 \times 60\,\mathrm{s}$ であることから，

$$\rho_c = \frac{3}{(1.38 \times 10^{10} \times 365 \times 24 \times 60 \times 60)^2} \frac{1}{8\pi \times 6.67 \times 10^{-11}}$$

$$= 0.94 \times 10^{-26} \,\mathrm{kg/m^3}$$

となる．陽子の質量は，$1.7 \times 10^{-27}\,\mathrm{kg}$ なので，得られた臨界密度 ρ_c は，$1\,\mathrm{m^3}$ に陽子が 5〜6 個程度，ということになる． □

実際の観測から，宇宙全体の密度は ρ_c 程度で，ずっと膨張を続けるのか，あるいはいずれ収縮するのかの境界状態であることが知られている．

⬤ Coffee Break 14（宇宙論は完成したのか）

少し前まで（筆者が大学院生だった 30 年前の話だが），宇宙論という学問分野はとても牧歌的だった．もちろん研究者は真剣に宇宙膨張について議論したりシミュレーション結果を発表したりしていたが，観測技術が追いついておらず，ハッブル定数 ▶7.8 節 が 50 なのか 100 なのか（単位は km/s/Mpc）決まっていなかった．これは，宇宙の年齢が 100 億年なのか 200 億年なのかが決まっていなかったということだ．ある研究会（理論宇宙物理学懇談会）で，ひとりの教授が，「ハッブル定数について，会場のみなさんにどのくらいの値と思うか挙手でアンケートを取りたいと思います」と発言されたことがあった．案の定，各分野の研究者からばらばらの値で手があがり，結局「みなさんの挙手の平均をとって，だいたい 75，宇宙年齢は 150 億年位ということでよろしいでしょうか」とまとめられ，大学院生としては「こんな風に結論してよいのだろうか」と戸惑ったことを思い出す．

2002 年，COBE 衛星が，宇宙マイクロ波背景放射の観測結果を発表し，宇宙年齢が 137 億年とセミナーで聞いたとき，筆者は思わず「誤差はどのくらいか」と質問した．「プラスマイナス 1 億年です」という発表者からの回答に，そこまで精密になったのか，と感慨無量の思いを抱いた．時が過ぎて，昨今では，Planck 衛星による宇宙マイクロ波背景放射の観測や超新星爆発の統計データから，宇宙年齢は 137.99 億年プラスマイナス 2100 万年となった．宇宙論も精密科学入りしたのだ．

宇宙が誕生してから現在までの基本的な膨張過程は，わずか 6 つのパラメータを設定するだけで，現在の観測を説明することができる．宇宙論は 20 世紀に最も成功した物理学と呼ばれるようにもなった．しかし，その 6 つのパラメータの中には正体不明のダークマター密度があったり，モデルの構築にはこれまた正体不明のダークエネルギー（宇宙に加速膨張をもたらす負のエネルギー）の存在が仮定されていたりする．ダークマターは未知の素粒子に候補が絞られ，ダークエネルギーは理論自体が不明瞭だ．もう 20 年もこんな状況である．ある日，アインシュタイン並みの天才が，まったく新しい理論を引っ下げて登場し，すべてを解決するかもしれない，と期待するばかりだ．そしてそれは，読者のあなたかもしれない．

第 8 章

発 展 問 題 2

ホーキング

8.1 スカイツリーでの重力

■重力は，万有引力と遠心力などの合力　　　　　★☆☆

東京スカイツリーの展望台は地上から高さ 450 m の位置にある．この地上との高さの差で計測される重力の大きさなど，現実の値を電卓を用いて計算してみよう．

地球上の重力は，地球からはたらく万有引力と，地球の自転による遠心力との合力とする．このほかにも，太陽や他の惑星からの万有引力，太陽を公転することによる遠心力など，さまざまな力の総和を私たちは重力としているが，それらは無視することにする．

問題 8.1.1

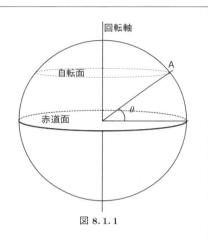

図 8.1.1

地表の重力は，地球が球体で球対称の密度分布をもつとき，地球の中心を向く万有引力と，地球の自転による遠心力との合力である．万有引力定数を G，地球の半径と質量をそれぞれ R，M とし，自転の角速度を ω とする．球対称とは，中心から見てどの方向も同じであることで，密度は地球の中心からの距離で決まる．

北緯 θ の地表のある点を A とする（図8.1.1）．点 A は，地球の自転軸から距離 ア だけ離れていて，この距離を半径とする円運動をしている．この円を含む平面を「自転面」と呼ぶことにする．点 A にある質量 m の物体にはたらく遠心力の大きさは イ であり，その向きは自転面上で自転軸から外向きである．

一方，地球の密度分布が球対称のときには，地球が物体に及ぼす万有引力は地球の全質量が中心の 1 点に集中していると考えてよい．したがって，この物体にはたらく万有引力は地球の中心を向き，その大きさは ウ である．

(1) 北極点にある体重計で W_{P} 〔kg〕と表示された人がいた．体重計は重力の大きさを量る．北極点における重力加速度の大きさを g_{P}，この人の質量を m とすれば，$W_{\mathrm{P}} = \dfrac{m g_{\mathrm{P}}}{g_0}$ 〔N〕である（g_0 は基準とする地点での重力加速度の大きさ）．同じ体重計で量ったこの人の赤道上での体重 W_{E} は W_{P} の何倍か．

(2) 地球の半径 R として赤道半径（中心から赤道までの長さ）$R_{\mathrm{E}} = 6378.137\,\mathrm{km}$ を用い，$GM = 3.986004 \times 10^{14}\,\mathrm{m^3/s^2}$，$\omega = 7.292115 \times 10^{-5}\,\mathrm{rad/s}$ とする．北極点で $100\,\mathrm{kg}$ と表示された人の体重は，赤道上ではいくらか．

▶**解**　緯度 θ の地点での回転半径は，$\underline{R\cos\theta}_{\,ア}$ であるから，遠心力の大きさは，

$m(R\cos\theta)\omega^2$ _イ_ である．一方，万有引力の大きさは，$G\dfrac{Mm}{R^2}$ _ウ_ である．

(1) 赤道上での重力加速度の大きさを g_E とする．赤道上では，万有引力と遠心力の向きが正反対になり

$$W_P = mg_P = G\frac{Mm}{R^2} \tag{8.1.1}$$

$$W_E = mg_E = G\frac{Mm}{R^2} - mR\omega^2 \tag{8.1.2}$$

となる．体重計の示す赤道上での値 W_E と北極での値 W_P の比は以下のようになる．

$$\frac{W_E}{W_P} = \frac{g_E}{g_P} = \frac{G\frac{M}{R^2} - R\omega^2}{G\frac{M}{R^2}} = 1 - \frac{R^3\omega^2}{GM}$$

(2) 上の式に数値を代入すると，

$$1 - \frac{R_E{}^3\omega^2}{GM} \fallingdotseq 1 - \frac{(6.378137\times10^6)^3 \times (7.292115\times10^{-5})^2}{3.986004\times10^{14}} \fallingdotseq 0.9965386$$

となるから，99.65386 kg となる． □

■扁平な地球の形状 ★★☆

地球の赤道半径 R_E は極半径（中心から北極点までの長さ）$R_P = 6356.752$ km より 21 km あまり長い．これは自転による遠心力により，地球が赤道方向に膨らんでいるからと考えられている．実際に，地球の形状が扁平であることは，振り子の周期の違いによってはじめて測定され，ニュートン力学の正しさを示す実証の 1 つとされた．そこで，地球を楕円を短軸まわりに回転させた回転楕円体であると考え，その重力について考察してみよう．

問題 8.1.2

地球の形状は南北方向に縮んだ回転楕円体であるとする．ただし，扁平率 f は

$$f = \frac{R_E - R_P}{R_E} \fallingdotseq 3.352820\times10^{-3} \fallingdotseq \frac{1}{298.2564} \tag{8.1.3}$$

と非常に小さく，ほぼ球と見なせる．北極点と赤道での重力加速度の大きさが次の式で与えられると近似しよう．

$$g_P = \frac{GM}{R_P{}^2} \fallingdotseq 9.864322 \, \text{m/s}^2 \tag{8.1.4}$$

$$g_E = \frac{GM}{R_E{}^2} - R_E\omega^2 \fallingdotseq 9.764370 \, \text{m/s}^2 \tag{8.1.5}$$

(3) 赤道上で周期 T_E が 1 s の振り子時計を製作する．ひもの支点からおもりの重心までの長さはいくらか．

(4) この振り子時計を北極点で計測すると，周期 T_P は何秒か．

▶解

(3) 赤道上での周期 T_{E} は，ひもの長さを ℓ として，$T_{\mathrm{E}} = 2\pi\sqrt{\ell/g_{\mathrm{E}}}$ で与えられるから，

$$\ell = \left(\frac{T_{\mathrm{E}}}{2\pi}\right)^2 g_{\mathrm{E}} \fallingdotseq 0.2473344\,\mathrm{m}$$

(4) 北極点での周期 T_{P} は，

$$T_{\mathrm{P}} = 2\pi\sqrt{\frac{\ell}{g_{\mathrm{P}}}} = \sqrt{\frac{g_{\mathrm{E}}}{g_{\mathrm{P}}}} \times T_{\mathrm{E}} \fallingdotseq 0.9949208\,\mathrm{s} \qquad \square$$

■ 地心緯度と地理緯度   ★★☆

重力を万有引力と遠心力の合力として考えると，私たちが「鉛直下向き」と考える重力の向きは地球の中心を向かない．また，重力の向きは，回転楕円体の表面である地面と垂直ではない．

問題 8.1.3

図 8.1.2 に示すように，地心緯度（通常の緯度）θ と地理緯度 φ を区別する．地理緯度は地表の点から地面に垂直に伸ばした直線と赤道面のなす角度である．地球を回転楕円体と考える．つまり，極半径 R_{P} と赤道半径 R_{E} をそれぞれ短半径・長半径とする楕円

$$\frac{x^2}{R_{\mathrm{E}}^2} + \frac{z^2}{R_{\mathrm{P}}^2} = 1 \tag{8.1.6}$$

を z 軸のまわりに回転してできる立体であるとする．式 (8.1.3) で定義した扁平率 f を用いると，

$$f = \frac{R_{\mathrm{E}} - R_{\mathrm{P}}}{R_{\mathrm{E}}} \quad \Rightarrow \quad R_{\mathrm{P}} = (1 - f)R_{\mathrm{E}}$$

である．

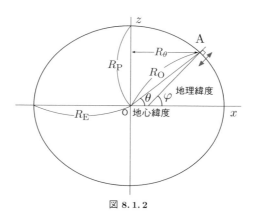

図 8.1.2

(5) 地心緯度が θ である地上の点 A から地球の中心までの距離 R_O を求めよ.

(6) 地心緯度 θ と地理緯度 φ の関係を求めよ.

▶ **解**

(5) $x = R_O \cos\theta$, $z = R_O \sin\theta$ として楕円の式 (8.1.6) に代入すれば

$$R_O{}^2 \left(\frac{\cos^2\theta}{R_E{}^2} + \frac{\sin^2\theta}{R_P{}^2} \right) = \frac{R_O{}^2}{R_E{}^2} \left(\cos^2\theta + \frac{1 - \cos^2\theta}{(1-f)^2} \right) = 1$$

$$\Rightarrow \quad R_O = \frac{1-f}{\sqrt{1 + (f^2 - 2f)\cos^2\theta}} R_E \tag{8.1.7}$$

(6) 楕円の式 (8.1.6) を x で微分すれば

$$\frac{2x}{R_E{}^2} + \frac{2z}{R_P{}^2} \frac{dz}{dx} = 0 \quad \Rightarrow \quad \frac{dz}{dx} = -\left(\frac{R_P}{R_E}\right)^2 \frac{x}{z} = -\frac{(1-f)^2}{\tan\theta}$$

$$\tan\varphi \cdot \frac{dz}{dx} = -1 \quad \Rightarrow \quad \tan\varphi = \frac{\tan\theta}{(1-f)^2} \tag{8.1.8}$$

□

問題 8.1.4

地心緯度（北緯）θ の地上の点 A に質量 m の質点を置く. 点 A の自転半径は $R_\theta = R_O \cos\theta$ である.

(7) 重力は万有引力と遠心力の合力である. 万有引力を半径 R_O の球形の地球から受ける力で近似して, 重力が赤道面となす角 θ_g と地心緯度 θ の関係を求めよ.

東京スカイツリーの位置は北緯 $\theta = 35.71001°$ である.

(8) R_O, φ, θ_g の値を求めよ.

(9) 建築物は鉛直方向に造られているとする. 東京スカイツリーの展望台（鉛直方向で地表から 450 m）の, 地表面からの距離を求めよ.

▶ **解**

(7) 万有引力の大きさは $F_G = GMm/R_O^2$, 遠心力の大きさは $F_C = mR_O \cos\theta\omega^2$ だから, 図 8.1.3 より

$$\tan\theta_g = \frac{F_G \sin\theta}{F_G \cos\theta - F_C}$$

$$= \frac{\tan\theta}{1 - \dfrac{R_O{}^3 \omega^2}{GM}} \tag{8.1.9}$$

ちなみに, 重力の大きさ F_g は

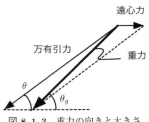

図 **8.1.3** 重力の向きと大きさ

$$F_g = \sqrt{(F_{\mathrm{G}} \cos\theta - F_{\mathrm{C}})^2 + (F_{\mathrm{G}} \sin\theta)^2} = \sqrt{F_{\mathrm{G}}{}^2 - 2F_{\mathrm{G}} F_{\mathrm{C}} \cos\theta + F_{\mathrm{C}}{}^2}$$

$$= F_{\mathrm{G}} \sqrt{1 - \left(\frac{2R_{\mathrm{O}}{}^3 \omega^2}{GM} - \left(\frac{R_{\mathrm{O}}{}^3 \omega^2}{GM} \right)^2 \right) \cos^2\theta}$$

(8) 式 (8.1.7), (8.1.8), (8.1.9) に値を代入して

$$R_{\mathrm{O}} = 6370.827\,\mathrm{km}, \quad \varphi = 35.89261°, \quad \theta_g = 35.80390°$$

(9) 鉛直方向は，地面に対して垂直に伸ばした直線に対して，角度 $\varphi - \theta_g = 0.08868°$ だけ南へ傾いていることになる．高さ H の建物の位置は地表からは $H\cos(\varphi - \theta_g)$ の高さになる．$H = 450\,\mathrm{m}$ に対しては，$449.9995\,\mathrm{m}$ である． □

■扁平な地球の重力 ★★★

　地球が扁平な回転楕円体であると考えたとき，地球が及ぼす万有引力を調べると，地球の中心を向かず，大きさにも補正項が必要となる．地球を細かく切り刻み，分割されたものを質点と見なすことにより，地球を質点の集まりと近似しよう．そして各質点からの万有引力を計算し，これを足し合わせる．これは近似計算と見えるかもしれないが，分割を無限に細かくする極限で足し合わせる操作を積分に置き換えることができ，積分が実際に計算できる場合は厳密な結果が得られる．

　このように，微小なものを足し合わせて有限のものを計算するという手法は，微分・積分と相まって極めて汎用的計算方法となる．赤道半径 R_{E}，極半径 R_{P} の地球回転楕円体の体積が $4\pi R_{\mathrm{E}}{}^2 R_{\mathrm{P}}/3$ となることが，このような考え方に基づいて容易に計算できる．

　しかし，力はベクトルで向きを考慮しなければならないので，計算が煩雑になる．一方，位置エネルギーはスカラーで大きさだけ考えればよいので便利である（大きさと述べたが，位置エネルギーは基準点との差を考えるので，負になることもある）．

　位置ベクトル $\vec{r}$ の点で，単位質量当たりの地球の万有引力による位置エネルギーは，無限遠点を基準として

$$U_{\mathrm{G}}(\vec{r}) = - \iiint G \frac{\sigma(\vec{R})dv}{\left| \vec{r} - \vec{R} \right|} \quad (8.1.10)$$

で与えられる（図 8.1.4）．地球を分割した微小部分の一つが $\vec{R}$ で示される位置にあり，その微小部分の体積 dv に密度 $\sigma(\vec{R})$ を掛けて質量を表す．積分は，地球全体にわたって和をとることを示す（原点に固定された質量 M の質点のときには，万有引力による位置エネルギーが単位質量当たり $-GM/r$ であったことを思い出そう）．

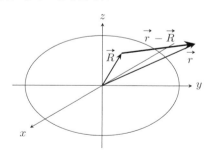

図 8.1.4 地球の万有引力による位置エネルギー $U(\vec{r})$ の計算

　式 (8.1.10) を一般の場合に計算することは難しいが，密度 $\sigma(\vec{R})$ が $\vec{R}$ を z 軸まわりに回転させても同じで（回転対称性をもつという），北半球と南半球が対称であるときには，

$$U_{\mathrm{G}}(\vec{r}) = -\frac{GM}{r}\left(1 - \sum_{n=1}^{\infty}\left(\frac{R_{\mathrm{E}}}{r}\right)^{2n} J_{2n}P_{2n}(\sin\theta)\right) \tag{8.1.11}$$

となることがわかっている．ここで θ は位置ベクトル $\vec{r}$ が赤道面（xy 面）となす角で，$P_{2n}(x)$ はルジャンドル多項式と呼ばれる x についての $2n$ 次の多項式，J_{2n} は次元をもたない定数である．はじめの 2 項を具体的に書くと

$$J_2 = -\iiint \frac{\sigma(\vec{R})}{M}\left(\frac{R}{R_{\mathrm{E}}}\right)^2 P_2(\sin\Theta)dv, \quad P_2(\sin\Theta) = \frac{1}{2}\left(3\sin^2\Theta - 1\right)$$

$$J_4 = -\iiint \frac{\sigma(\vec{R})}{M}\left(\frac{R}{R_{\mathrm{E}}}\right)^4 P_4(\sin\Theta)dv, \quad P_4(\sin\Theta) = \frac{1}{8}\left(35\sin^4\Theta - 30\sin^2\Theta + 3\right)$$

となる．Θ は $\vec{R}$ が赤道面となす角，$R = |\vec{R}|$，$M = \iiint \sigma(\vec{R})dv$ は地球の質量である．以下，地球内部の点を表す座標は大文字を用いる．

問題 8.1.5

(10) 地球の密度が一定（$\sigma(\vec{R}) = \sigma$ が定数）であるとき，$M = \sigma\dfrac{4\pi R_{\mathrm{E}}{}^2 R_{\mathrm{P}}}{3}$ となることを示せ．

▶**解**

(10) 地球内部の点を表す $\vec{R}$ の成分を (X, Y, Z) とする．地球を x 軸に垂直な間隔 dX の多数の平面で切り分ける．さらに，y 軸に垂直な間隔 dY の平面群，z 軸に垂直な間隔 dZ の平面群で切れば，地球は体積が $dv = dX\,dY\,dZ$ の多数の直方体へ分割される．したがって，

$$M = \sigma\iiint dX\,dY\,dZ \quad 積分領域は \quad \frac{X^2}{R_{\mathrm{E}}{}^2} + \frac{Y^2}{R_{\mathrm{E}}{}^2} + \frac{Z^2}{R_{\mathrm{P}}{}^2} \leqq 1$$

となる．ここで積分する変数を

$$X = R_{\mathrm{E}}\xi, \quad Y = R_{\mathrm{E}}\eta, \quad Z = R_{\mathrm{P}}\zeta \tag{8.1.12}$$

と変数変換すると

$$M = \sigma R_{\mathrm{E}}{}^2 R_{\mathrm{P}}\iiint d\xi\,d\eta\,d\zeta \quad 積分領域は \quad \xi^2 + \eta^2 + \zeta^2 \leqq 1$$

と書き換えられる．積分は半径 1 の球の体積で $4\pi/3$ である． $\qquad\square$

$\sigma(\vec{R}) = \sigma$ が定数のとき，J_2, J_4 は扁平率 f を用いて以下のように求められる ▶**コラム 16** ．

$$J_2 = -\frac{R_{\mathrm{P}}{}^2 - R_{\mathrm{E}}{}^2}{5R_{\mathrm{E}}{}^2} = \frac{1}{5}f(2 - f), \quad J_4 = -\frac{3\left(R_{\mathrm{E}}{}^2 - R_{\mathrm{P}}{}^2\right)^2}{35R_{\mathrm{E}}{}^4} = -\frac{3}{35}f^2(2 - f)^2$$

f は $1/300$ 程度の微小量だから，以下の考察では f の 2 次である J_4 は無視する．

地球の表面上にある物体には，自転による遠心力がはたらく．その大きさは，自転軸からの距離 $r\cos\theta$ に比例，単位質量当たり $r\cos\theta\,\omega^2$ である．遠心力の位置エネルギー $U_{\mathrm{C}}(\vec{r})$ は，ばねの弾性力による位置エネルギーと同様に考えて，自転軸上（緯度 $\theta = \pi/2$）で 0

とする基準で,

$$U_C = -\frac{1}{2}(r\cos\theta)^2\omega^2$$

で与えられる. マイナス符号は, 遠心力がばねの場合とは逆に $r\cos\theta$ が増加する向きにはたらくことに起因する.

以上の考察から, 地表で単位質量当たりの重力の位置エネルギー (ポテンシャルエネルギーともいう) $U_g(\vec{r})$ は, f^2 を無視する近似で

$$U_g(\vec{r}) = U_G + U_C = -\frac{GM}{r}\left(1 - \left(\frac{R_E}{r}\right)^2 J_2 P_2(\sin\theta)\right) - \frac{1}{2}(r\cos\theta)^2\omega^2$$

$$= -\frac{GM}{r}\left(1 - \left(\frac{R_E}{r}\right)^2 J_2 P_2(\sin\theta) + \frac{r^3\omega^2}{2GM}\cos^2\theta\right)$$

$$= -\frac{GM}{r}\left(1 - \left(\frac{R_E}{r}\right)^2 J_2 \cdot \frac{1}{2}(3\sin^2\theta - 1) + \frac{1}{2}\left(\frac{r}{R_E}\right)^3 m\cos^2\theta\right) \quad (8.1.13)$$

となることがわかる. ただし, 無次元量 $R_E{}^3\omega^2/(GM)$ を m とおいた (m は質量でないことに注意).

力は位置エネルギーの減少する向きにはたらく. 地表の 70%が海水で覆われていることから, 地球の形状は, 式 (8.1.13) が一定となる等ポテンシャル面と考えるのが自然である. 実際には海水面の高さは月の潮汐力等により変化するので, 平均海面の高さに最もよく合致する等ポテンシャル面を選んで, ジオイドと呼ぶ.

問題 8.1.6

(11) 北極と赤道で式 (8.1.13) のポテンシャルエネルギー $U(\vec{r})$ が一致することから, f^2 を無視する近似で m を求めよ.

(12) $m = R_E{}^3\omega^2/(GM)$ により m の値を計算できる. この値を用いて地球の扁平率 f を求めよ.

▶ **解**

(11) $R_E/R_P = (1-f)^{-1} \fallingdotseq 1+f$, $J_2 \fallingdotseq 2f/5$ なので $(R_E/R_P)^3 J_2 \fallingdotseq J_2$ となり,

$$-\frac{GM}{R_P}\left(1 - \left(\frac{R_E}{R_P}\right)^2 J_2\right) = -\frac{GM}{R_E}\left(1 + \frac{J_2}{2} + \frac{m}{2}\right)$$

$$\Rightarrow \quad \frac{R_E}{R_P} - \left(\frac{R_E}{R_P}\right)^3 J_2 = 1 + \frac{J_2}{2} + \frac{m}{2} \quad \Rightarrow \quad m \fallingdotseq \frac{4}{5}f$$

(12)

$$f = \frac{5}{4} \times \frac{(6.378137 \times 10^6)^3 (7.292115 \times 10^{-5})^2}{3.986004 \times 10^{14}} \fallingdotseq 4.326740 \times 10^{-3} \fallingdotseq 1/231.1209$$

地球の密度を一定と見なす粗い近似をしているので, 実測値よりも 3 割ほど大きな値となっている. 実はニュートンも著書『プリンキピア』の第一編第 XIII 章で球

体でない物体の引力について議論しており，第三編命題 19 において，$f = 1/230$ $(R_E : R_P = 230 : 229)$ であると求めている． □

重力は等ポテンシャル面に垂直に，ポテンシャルエネルギーが減少する向きにはたらく．その大きさは，ポテンシャルエネルギーが変化する割合で決まり，変化する割合は微分係数で表される．特定の向きの力の成分は，その向きに微分して求めることができる．それゆえ，単位質量当たりの重力の地球の中心向きの成分，すなわち重力加速度の成分 $g(\theta)$ は，θ を一定に保って $U(\vec{r})$ で r を微分することで求められる．

$$g(\theta) = \frac{\partial U(\vec{r})}{\partial r} = \frac{GM}{r^2}\left(1 - \frac{3}{2}\left(\frac{R_E}{r}\right)^2 J_2(3\sin^2\theta - 1) - \left(\frac{r}{R_E}\right)^3 m\cos^2\theta\right)$$

$$\fallingdotseq \frac{GM}{r^2}\left(1 - \frac{3}{2}J_2(3\sin^2\theta - 1) - m(1 - \sin^2\theta)\right)$$

$$= \frac{GM}{r^2}\left(1 + \frac{3}{2}J_2 - m + \left(-\frac{9}{2}J_2 + m\right)\sin^2\theta\right) \qquad (8.1.14)$$

上の計算では f^2 を無視しているので，$(R_E/r)^2 J_2 \fallingdotseq J_2$，$(r/R_E)^3 m \fallingdotseq m$ である．これを赤道での値 $g_E = g(0) = \dfrac{GM}{R_E{}^2}\left(1 + \dfrac{3}{2}J_2 - m\right)$ と比べてみよう．f^2 を無視する近似で

$$\frac{g(\theta)}{g_E} = \left(\frac{R_E}{r}\right)^2\left(1 + \frac{-\dfrac{9}{2}J_2 + m}{1 + \dfrac{3}{2}J_2 - m}\sin^2\theta\right) \fallingdotseq \left(\frac{R_E}{r}\right)^2\left(1 + \left(-\frac{9}{2}J_2 + m\right)\sin^2\theta\right)$$

となる．地表の点は楕円体上にあるから，

$$\frac{(r\cos\theta)^2}{R_E{}^2} + \frac{(r\sin\theta)^2}{R_P{}^2} = 1 \quad \Rightarrow \quad \left(\frac{r}{R_E}\right)^2\left(1 - \sin^2\theta + \left(\frac{R_E}{R_P}\right)^2\sin^2\theta\right) = 1$$

と書き直すことができる．$(R_E/R_P)^2 = 1/(1-f)^2 \fallingdotseq 1/(1-2f) \fallingdotseq 1 + 2f$ と変形して

$$\left(\frac{R_E}{r}\right)^2 \fallingdotseq 1 + 2f\sin^2\theta$$

とすれば，$g(\theta)$ が以下の式で与えられる．

$$g(\theta) = g_E\left(1 + \left(2f - \frac{9}{2}J_2 + m\right)\sin^2\theta\right) \fallingdotseq g_E\left(1 + f\sin^2\theta\right) \qquad (8.1.15)$$

なお，重力加速度の地球中心への向きと直交する，θ が減少する南向きの成分 $g_t(\theta)$ は $\dfrac{1}{r}\dfrac{\partial U(\vec{r})}{\partial \theta}$ で求められる．式 (8.1.13) から

$$g_t(\theta) = \frac{1}{r}\frac{\partial U(\vec{r})}{\partial \theta} \fallingdotseq (3J_2 + m)\frac{GM}{r^2}\sin\theta\cos\theta$$

となり，$3J_2 + m$ は f に比例した微少量なので，その 2 乗は無視される．したがって，上で求めた $g(\theta)$ が重力加速度の大きさを表していると見なしてく，重力加速度の大きさは，

$$g = g_E\left(1 + \left(2f - \frac{9}{2}J_2 + m\right)\sin^2\theta\right)$$

となる．ここで，もう1度記しておくと g_E は赤道上での重力加速度の大きさで，$g_E = \dfrac{GM}{R_E^2}\left(1 + \dfrac{3}{2}J_2 - m\right)$，$f$ は扁平率で $f = (R_E - R_P)/R_E$，J_2 は楕円体を考えることによる万有引力の補正項で人工衛星の軌道解析から $J_2 = 1.082626 \times 10^{-3}$，$m$ は自転による補正項で $m = \omega^2 R_E^3/GM$ である．数値を代入すると，

$$g = 9.78108\,(1 + 0.00518285\sin^2\theta)\ \mathrm{m/s^2}$$

となる．スカイツリーの位置での地心北緯を代入すると，$g = 9.79834\ \mathrm{m/s^2}$ になる．

　一方で，実際に東京スカイツリーの高さ 0 m 地点で計測される重力加速度の大きさは，$9.7979441\,\mathrm{m/s^2}$ である．この違いは，「重力異常」と呼ばれ，地球内部の密度の不均一性に由来する．

■高い塔の上からボールを落とす   ★★★

　地球が自転しているのにもかかわらず，「高い塔の上からボールを落としても，塔の足元に落下する」ことはよく知られている．これは慣性の法則によって，地球上の物体は自転を感じないからだ．ガリレイによって慣性の法則が見出される前は，塔の足元に落下すること自体が，地動説に対する反証とされていた．

問題 8.1.7

　地球は完全な球であり，半径を R とする．北緯 θ の地点で高さ h の塔の上から，質量 m の物体を静かに落下させる．地球の自転（角速度 ω）によって，塔の上では，速さ $\boxed{\text{エ}}$ で自転していることになるので，物体は東向きにこの速さで投射されたことになる．重力加速度の大きさは一定で $g = 9.8\,\mathrm{m/s^2}$ とする．

(13) 東京スカイツリーの高さ 450 m の展望台と地表では，地球の自転による回転速度の差はどれだけか．

(14) 東京スカイツリーの展望台から物体を静かに（初速度ゼロで）自由落下させた．地球が自転していることによる，落下地点の移動はどれだけか．

▶**解**　　半径 $(R+h)\cos\theta$，角速度 ω の円運動をしているので，速さは，$\underline{(R+h)\omega\cos\theta}_{\text{エ}}$.

(13) $(R+h)\omega\cos\theta - R\omega\cos\theta = h\omega\cos\theta = 0.026648\,\mathrm{m/s}$

(14) 自転していない静止系で考える．スカイツリーで地上からの高さ z $(0 \leqq z \leqq h)$ にある部分は，地球の自転により $(R+z)\cos\theta$ の速さで東向きに運動している．一方，物体は地球の中心を向いた万有引力を受けて運動するので，物体の角運動量が保存される（またはケプラーの第2法則が成立する）．したがって，物体の質量を m，高さ z での速さを $v(z)$ とすると，$m(R+z)v(z) = m(R+h)^2\omega\cos\theta$ となる．これより $v(z) = \dfrac{(R+h)^2}{R+z}\omega\cos\theta \fallingdotseq (R+2h-z)\omega\cos\theta$ と求まる．ここで，$h \ll R$，$z \ll R$ の近似を用いた．地上に着くまでの短い時間では z 方向の運動は自由落下と見なせる

ので，$z(t) = -\dfrac{1}{2}gt^2 + h$ となる．ただし，展望台から落下し始めた時刻と $t = 0$ とした．この式を用いて時刻 t における物体とスカイツリーとの速さの差 Δv を計算すると，

$$\begin{aligned}
\Delta v &= v(z) - (R + z)\cos\theta \\
&= (R + 2h - z)\omega\cos\theta - (R + z)\cos\theta \\
&= 2(h - z)\omega\cos\theta \\
&= gt^2\omega\cos\theta
\end{aligned}$$

この式を $t = 0$ から t で積分すると，時刻 t における物体とスカイツリーとの距離 $\Delta x(t)$ が次のように求まる．

$$\Delta x(t) = \int_0^t gt^2\cos\theta\, dt = \left[\frac{1}{3}gt^3\omega\cos\theta\right]_0^t = \frac{1}{3}gt^3\omega\cos\theta$$

したがって，落下地点の移動は，物体が地面に着く時刻 $t = \sqrt{\dfrac{2h}{g}}$ を代入すると，

$$\Delta x(0) = \frac{2}{3}\sqrt{\frac{2h^3}{g}}\,\omega\cos\theta = 0.170\,\mathrm{m} \qquad\qquad (8.1.16)$$

が得られる．　　　　　　　　　　　　　　　　　　　　　　　　　　　　　　　□

　回転した座標系で運動する物体には遠心力のほかにコリオリの力と呼ばれる慣性力がはたらき，展望台から落下した物体の落下地点が同様に東にずれることが計算でき，ここでの値と一致する ▶コラム 17 ．

コラム 15 (★★★ 3 重積分：その 1)

定積分

$$\int_a^b f(x)\,dx \qquad (8.1.17)$$

は，$x = a$ から $x = b$ の間で $f(x)$ と x
軸の間に挟まれた部分の面積を表す（ただ
し，$f(x) < 0$ の部分の面積は負とする）.
これは，図 8.1.5 のように，微小な幅 dx
に高さ $f(x)$ を掛けた細い長方形の面積を
足したものと考えられる. つまり，定積分
(8.1.17) は微小量 $f(x)dx$ を足し合わせ
たものである.

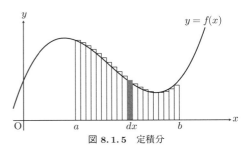
図 **8.1.5** 定積分

積分は微小量を足し合わせるという考え方を 3 次元に拡張し，

$$\iiint g(x, y, z)\,dxdydz \qquad (8.1.18)$$

と書き表す. 積分記号を 3 個重ねているのは，3 次元で考えることを意味し，3 重積分または体
積積分と呼ばれる. 例として，半径 R の球の体積 V を計算してみよう.

$$V = \iiint dxdydz \quad \text{積分領域は } x^2 + y^2 + z^2 \leqq R^2 \qquad (8.1.19)$$

x の範囲は $-R \leqq x \leqq R$ で，x の値を指定したとき，y, z は半径 $\sqrt{R^2 - x^2}$ の円内に限定
される. したがって，y の範囲を $-\sqrt{R^2 - x^2} \leqq y \leqq \sqrt{R^2 - x^2}$ とし，x, y の値を決めたとき
の z の範囲を $-\sqrt{R^2 - x^2 - y^2} \leqq z \leqq \sqrt{R^2 - x^2 - y^2}$ とすればよい. つまり，式 (8.1.19)
の計算は，以下の式で内側から順に行う.

$$V = \int_{-R}^{R} \left\{ \int_{-\sqrt{R^2-x^2}}^{\sqrt{R^2-x^2}} \left(\int_{-\sqrt{R^2-x^2-y^2}}^{\sqrt{R^2-x^2-y^2}} dz \right) dy \right\} dx \qquad (8.1.20)$$

z についての積分は容易に実行でき，y について，次の積分を行うことになる.

$$\int_{-\sqrt{R^2-x^2}}^{\sqrt{R^2-x^2}} \left(2\sqrt{R^2 - x^2 - y^2} \right) dy$$

$$= 2\sqrt{R^2 - x^2} \int_{-\sqrt{R^2-x^2}}^{\sqrt{R^2-x^2}} \left(\sqrt{1 - \left(\frac{y}{\sqrt{R^2 - x^2}} \right)^2} \right) dy$$

ここで $y/\sqrt{R^2 - x^2} = p$ とおくと

$$= 2\left(R^2 - x^2 \right) \int_{-1}^{1} \sqrt{1 - p^2}\,dp = 2\left(R^2 - x^2 \right) \times \frac{\pi}{2} = \pi(R^2 - x^2)$$

となる. 最後の積分は $p = \cos\theta$ として計算できる. よって，

$$V = \int_{-R}^{R} \pi \left(R^2 - x^2 \right) dx = \pi \left[R^2 x - \frac{x^3}{3} \right]_{-R}^{R} = \frac{4\pi R^3}{3} \qquad (8.1.21)$$

コラム 16 （★★★ 3 重積分：その 2）

コラム 15 の積分では，球を表す x, y, z の制限が計算を面倒にしていた．微小部分の位置を指定する座標系として図 8.1.6 の極座標 (r, θ, ϕ) を用いると，計算が容易になる．図 8.1.6 より，

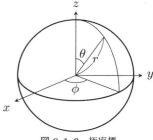

$$x = r \sin\theta \cos\phi,$$
$$y = r \sin\theta \sin\phi, \qquad (8.1.22)$$
$$z = r \cos\theta$$

の関係がある．微小な角 α に対して $\cos\alpha \fallingdotseq 1, \sin\alpha \fallingdotseq \alpha$ より，微小量の 2 次以上を無視して

図 8.1.6 極座標

$$x + dx = (r + dr)\sin(\theta + d\theta)\cos(\phi + d\phi)$$
$$\Rightarrow \quad dx = \sin\theta\cos\phi\, dr + r\cos\theta\cos\phi\, d\theta - r\sin\theta\sin\phi\, d\phi$$

同様の計算により，

$$dy = \sin\theta\sin\phi\, dr + r\cos\theta\sin\phi\, d\theta + r\sin\theta\cos\phi\, d\phi$$
$$dz = \cos\theta\, dr - r\sin\theta\, d\phi$$

が成り立つ．これらの式を用いて，

$$dx^2 + dy^2 + dz^2 = dr^2 + (r\, d\theta)^2 + (r\sin\theta\, d\phi)^2$$

となることがわかる．この式は，3 辺の長さが dx, dy, dz の直方体と，$dr, r\, d\theta, r\sin\theta d\phi$ の直方体の対角線の長さが等しいことを示している．図 8.1.7 に太線でこの直方体を示した．この部分は厳密には直方体ではないが，微小量の 2 次を無視する近似では直方体と見なされる．

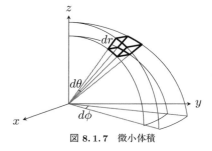

図 8.1.7 微小体積

以上の考察から，微小な体積 $dv = dx\, dy\, dz$ が極座標系では $dr \cdot r\, d\theta \cdot r\sin\theta d\phi$ と表されることがわかり，半径 R の球の体積 V は

$$V = \iiint dr \cdot r\, d\theta \cdot r\sin\theta d\phi \qquad \text{積分領域は} \quad 0 \leqq r \leqq R, \quad 0 \leqq \theta \leqq \pi, \quad 0 \leqq \phi \leqq 2\pi$$

となる．r, θ, ϕ の積分は次のように別々に計算できる．

$$V = \int_0^R r^2\, dr \int_0^\pi \sin\theta\, d\theta \int_0^{2\pi} d\phi = \frac{R^3}{3} \cdot 2 \cdot 2\pi = \frac{4\pi R^3}{3}$$

J_2 の計算も極座標系で実行できる．$\sin\theta = Z/R$ であるから，式 (8.1.12) を用いて

$$J_2 = -\frac{\sigma}{M} \iiint \frac{3Z^2 - R^2}{2R_\mathrm{E}^2} dX\, dY\, dZ$$
$$= -\frac{3}{8\pi R_\mathrm{E}^2} \iiint \left(3R_\mathrm{P}^2 \zeta^2 - R_\mathrm{E}^2(\xi^2 + \eta^2)\right) d\xi d\eta d\zeta$$

ここで (ξ, η, ζ) を，式 (8.1.22) を参照して (r, θ, ϕ) に変換して計算する．

$$J_2 = -\frac{3}{8\pi R_\mathrm{E}^2} \int_0^1 r^4\, dr \int_0^\pi \left(3R_\mathrm{P}^2\cos^2\theta - R_\mathrm{E}^2\sin^2\theta\right)\sin\theta\, d\theta \int_0^{2\pi} d\phi = \frac{R_\mathrm{E}^2 - R_\mathrm{P}^2}{5R_\mathrm{E}^2}$$

コラム 17（★★★ナイルの放物線）

　一定の角速度 ω で回転している座標系を考える．質量 m，速度 $\vec{V}$ で運動している物体があり，その速度ベクトルが回転軸と直交しているとき，物体にはたらくコリオリの力の大きさは $2m\omega V$ であった．速度ベクトルが回転軸と直交しない一般の場合に質量 m，速度 $\vec{V}$ の質点にはたらくコリオリの力は ▶第 1 巻付録 A.1 で説明した外積を用いて

$$-2m\vec{\omega} \times \vec{V} \tag{8.1.23}$$

と表すことができる．ここで角速度ベクトル $\vec{\omega}$ は，大きさが ω（角速度）で回転軸方向を向くベクトルで，回転の向きと $\vec{\omega}$ の向きは右ねじの関係で定める．

　北半球で，地表から高さ h の点 P から質量 m の小物体を初速度ゼロで自由落下させると，コリオリの力は東向きにはたらく．そのためこの小物体は，点 P の真下から東にずれた地点に落下する．地球の自転の角速度の大きさが $\dfrac{2\pi}{24 \times 60 \times 60} \fallingdotseq 7.27 \times 10^{-5}$ rad/s と小さいことを踏まえ，h があまり大きくないときに落下地点のずれを計算してみよう．

　北半球で北緯 θ の地表の点を O とする．この点で地球に接する平面を考え，点 O から東向きに x 軸，北向きに y 軸，鉛直上向きに z 軸をとる．このとき，$\vec{\omega} = (0,\ \omega\cos\theta,\ \omega\sin\theta)$ である．ω が微小なことから z 方向の運動は自由落下と見なし，x, y 方向の速度成分を無視して $\vec{V} \fallingdotseq (0, 0, -gt)$ と表されるとする．このとき，

$$-2m\vec{\omega} \times \vec{V} = (2mg\omega\cos\theta \cdot t,\ 0,\ 0)$$

となるので，運動方程式は次のように書ける．

$$m\frac{d^2 x}{dt^2} = 2mg\omega\cos\theta \cdot t$$

$$m\frac{d^2 y}{dt^2} = 0$$

$$m\frac{d^2 z}{dt^2} = -mg$$

この方程式は簡単に積分できる．$t = 0$ のときに z 軸上 $z = h$ の点に静止していたとして積分定数を決めると以下のようになる．

$$x = \frac{g\omega\cos\theta}{3}t^3, \quad y = 0, \quad z = -\frac{1}{2}gt^2 + h$$

　$z \sim x$ 面内の軌道を表す式は

$$x = \frac{\omega\cos\theta}{3}\sqrt{\frac{8(h-z)^3}{g}} \tag{8.1.24}$$

となる．これをナイルの放物線という．落下点の原点からのズレは $x_0 = \dfrac{\omega\cos\theta}{3}\sqrt{\dfrac{8h^3}{g}}$ で与えられる．スカイツリーの展望台（$h = 450$ m, $\theta = 35.7°$）から落としたとき $x_0 \fallingdotseq 0.170$ m である．

8.2 原子核の放射性崩壊 1：贋作絵画の鑑定

■ 原子核の放射性崩壊 ★★☆

原子核の中には，α 線や β 線を放出して別の原子核に崩壊するものがある．個々の原子核がいつ崩壊するかを予言することはできないが，多数集めておくと，元素ごとに決まった割合でその数が減少していく．

本節では，放射性原子核の崩壊現象を微分方程式としてとらえていこう．第 2 巻の付録 ▶第 2 巻付録 B.1 を一読してから始めるとよい．

問題 8.2.1

時刻 $t = 0$ に，ある原子核（以下では原子核 1 とする）が N_0 個あった．原子核 1 は不安定で，放射線を出して崩壊していく．時刻 t での数を $N_1(t)$ とする．崩壊現象はランダムに発生するが，単位時間に崩壊する原子核 1 の数は，そのときに存在する原子核 1 の数に比例し $\lambda_1 N_1(t)$ と表されるとしよう．λ_1 を**崩壊定数**という．時刻 $t + \Delta t$ の原子核 1 の数は次の式のようになる．

$$N_1(t + \Delta t) = N_1(t) - \lambda_1 N_1(t) \Delta t \qquad (8.2.1)$$

(1) 式 (8.2.1) で $\Delta t \to 0$ の極限をとり，$N_1(t)$ がみたす微分方程式を導け．

(2) この微分方程式を解け．

原子核の数が半分になるまでの時間を**半減期**という．

(3) 半減期は t によらないことを示し，半減期 T と崩壊定数 λ_1 との関係を求めよ．$\log 2 = 0.6931$ とする．

(4) 時刻 $t = 0$ から原子核の崩壊の計測を始めると，時刻 $t = \tau$ にもとの原子核の量の 99％になった．この原子核崩壊の半減期は τ の何倍か求めよ．$\log 100 = 4.605$，$\log 99 = 4.595$ とする．

炭素 ^{14}C は，空気中にわずかに含まれ，半減期 5730 年で窒素 ^{14}N に変化する．一方，^{14}C は宇宙線（宇宙からやってくる放射線）により生成されるため，^{14}C と ^{12}C の割合は一定に保たれる．植物や動物が死んで呼吸をやめると，死骸に閉じ込められた ^{14}C が減少することから，死亡年代測定をすることができる．

(5) いま，ある木造建築物に対して ^{14}C の量を測定すると，通常切り倒された直後の木材の 9/10 だった．この建築物に使われた木材は何年前に切り倒されたものか．$\log 3 = 1.099$，$\log 10 = 2.303$ とする．

▶ 解

(1) 式 (8.2.1) を以下のように書き換えて極限をとればよい．

$$\frac{N_1(t + \Delta t) - N_1(t)}{\Delta t} = -\lambda_1 N_1(t) \quad \Rightarrow \quad \frac{dN_1}{dt} = -\lambda_1 N_1 \qquad (8.2.2)$$

　　t で微分するというのは時間的な変化の割合を見ることに相当し，この微分方程式は，単位時間当たり λN_1 個の割合で原子核が崩壊で失われていくことを意味する．ここでは丁寧に説明したが，慣れてくれば微小量を表す Δ の代わりに d とし，式 (8.2.1) を書かずに極限をとる操作を略していきなり次のように書いてもよい．

$$\frac{dN_1}{dt} = -\lambda_1 N_1$$

(2) 微分方程式 (8.2.2) は変数分離型で ▶第 1 巻付録 A，解は次のようになる．

$$N_1(t) = N_0 e^{-\lambda_1 t}$$

　　ここで，積分定数は $t = 0$ のときに $N_1(0) = N_0$ となるように決定した．

(3) $N_1(t + T) = N_0 e^{-\lambda_1(t+T)} = N_1(t)e^{-\lambda_1 T}$ となるので，T だけ時間が経てば原子核の数は時刻 t によらず $e^{-\lambda_1 T}$ 倍となる．したがって，

$$e^{-\lambda_1 T} = \frac{1}{2} \quad \Rightarrow \quad T = \frac{\log 2}{\lambda_1} = \frac{0.6931}{\lambda_1}$$

　　半減期を用いると $N(t) = N_0 \left(\frac{1}{2}\right)^{t/T}$ と表される．グラフにすると図 8.2.1 のようになる．

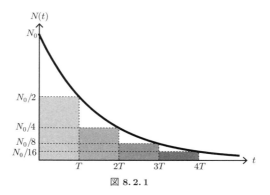

図 8.2.1

(4) 半減期を T として

$$N(t) = N_0 \left(\frac{1}{2}\right)^{\tau/T} = N_0 \times \frac{99}{100} \quad \Rightarrow \quad \frac{T}{\tau} = \frac{\log 2}{\log 100 - \log 99} = 69.31 \text{ 倍}$$

(5) はじめの量を N_0，求める期間を t とすると，

$$N_0 \times \frac{9}{10} = N_0 \left(\frac{1}{2}\right)^{t/T}$$

　　両辺の対数をとって整理すると，

$$t = \frac{\log 10 - 2\log 3}{\log 2} T = 0.1520\, T = 871.04 \text{ 年}$$

　　　　□

問題 8.2.2

　原子核 1 が崩壊して生み出された原子核 2 も放射性をもち，崩壊定数 λ_2 で原子核 3 に崩壊するとしよう．

　(6) 原子核 2 の数を $N_2(t)$ とし，これがみたす微分方程式を書け．

▶ **解**

(6) 原子核 1 の崩壊によって原子核 2 が生み出されるから

$$\frac{dN_2}{dt} = -\lambda_2 N_2 + \lambda_1 N_1, \quad N_1(t) = N_0 e^{-\lambda_1 t} \qquad \square$$

この微分方程式を次のように書き換える．

$$\frac{dN_2}{dt} + \lambda_2 N_2 = \lambda_1 N_0 e^{-\lambda_1 t} \tag{8.2.3}$$

この微分方程式は，▶第 2 巻付録 B.1 で説明している積分因子法を用いて解くことができる．すなわち，式 (8.2.3) の両辺に，$e^{\lambda_2 t}$ を乗じると

$$e^{\lambda_2 t}\left\{\frac{dN_2}{dt} + \lambda_2 N_2\right\} = \lambda_1 N_0 e^{-\lambda_1 t} e^{\lambda_2 t}$$

となるが，左辺が $\dfrac{d}{dt}(e^{\lambda_2 t} N_2)$ としてまとめられることから，両辺を t で積分すると

$$e^{\lambda_2 t} N_2 + C_0 = \int_0^t \lambda_1 N_0 e^{-\lambda_1 t} e^{\lambda_2 t} dt = \frac{\lambda_1 N_0}{-\lambda_1 + \lambda_2} e^{(-\lambda_1 + \lambda_2)t} + C_1$$

となる．ここで，C_0, C_1 は定数である．すなわち，

$$N_2(t) = e^{-\lambda_2 t}\left\{\frac{\lambda_1 N_0}{-\lambda_1 + \lambda_2} e^{(-\lambda_1 + \lambda_2)t} + C\right\} = \frac{\lambda_1 N_0}{\lambda_2 - \lambda_1} e^{-\lambda_1 t} + C e^{-\lambda_2 t}$$

が得られる．ここで，$C = C_1 - C_0$ は定数である．

問題 8.2.3

　(7) はじめ，原子核 2 は存在していなかったとして，上記で求めた微分方程式の定数 C を決めよ．

▶ **解**

(7) 上記で得られている解に，$t = 0$ で $N_2 = 0$ の初期条件を代入すると，$C = \lambda_1 N_0 / (\lambda_1 - \lambda_2)$ と決まるので，

$$N_2(t) = \lambda_1 N_0 \left(\frac{e^{-\lambda_1 t}}{\lambda_2 - \lambda_1} + \frac{e^{-\lambda_2 t}}{\lambda_1 - \lambda_2}\right) \tag{8.2.4}$$

$$\square$$

■ **放射平衡** ★★★

　恒星内部の原子核反応や超新星爆発によって重くて不安定な原子核が生み出されるが，その多くは崩壊して最終的に安定な Pb に変換されてしまい残らない．ところが，半減期

が極めて長い3つの元素がある（表 8.2.1）. これらの元素か
ら始まる原子核崩壊の系列は, いま現在でも自然界に存在し
ている.

　表 8.2.1 で元素記号の左肩につけた数字は質量数で, 原子
核中の陽子と中性子を合計した数を表す. α 崩壊では質量数
が4減り, β 崩壊では中性子が電子と電子ニュートリノを放

表 8.2.1

元素	半減期
^{238}U	45 億年
^{235}U	7 億年
^{232}Th	139 億年

出して陽子に変化するので質量数は変化しない. そのため, 表の3つの元素が崩壊して生
ずる元素の質量数は, n を自然数として $4n+2, 4n+3, 4n$ となり, それぞれ異なる原子
核を含む系列となる.

　質量数が $4n+1$ の原子核からなる系列もあるが, 崩壊のスタートに位置づけられる ^{237}Np
の半減期は 220 万年と宇宙の年齢 138 億年と比べ極めて小さいため, 仮に太陽系ができた
当初（46 億年前）に存在したとしても, 現在までにほぼすべて崩壊してなくなっている.

問題 8.2.4

　問題 8.2.1 で見た原子核の崩壊の系列で λ_1 が極めて小さく, $e^{-\lambda_1 t}$ はまだ 0 と見な
せる微小量にはならない時刻を考える. 一方, λ_2 は λ_1 と比べれば十分大きく, $e^{-\lambda_2 t}$
は, $e^{-\lambda_1 t}$ と比べて無視できるとする.

　(8) 原子核 1, 2 の数の比が一定になることを示せ.

　(9) 単位時間当たり崩壊する原子核 1, 2 の数は等しいことを示せ.

このような状況を**放射平衡**という.

　(10) ^{238}U が崩壊する過程で ^{226}Ra が生成される. その半減期はおよそ 1600 年であ
　　る. 放射平衡のとき 1 トンの ^{238}U 中に含まれる ^{226}Ra の量を求めよ.

▶ **解**

(8) このとき

$$N_2(t) \fallingdotseq \lambda_1 N_0 \times \frac{e^{-\lambda_1 t}}{\lambda_2} = \frac{\lambda_1 N_1(t)}{\lambda_2} \tag{8.2.5}$$

となり, 原子核の数の比が, 次のように崩壊定数の逆数の比, あるいは半減期の比と
して一定になることがわかる.

$$N_1(t) : N_2(t) = \frac{1}{\lambda_1} : \frac{1}{\lambda_2} = T_1 : T_2$$

(9) 式 (8.2.5) より

$$\lambda_1 N_1(t) = \lambda_2 N_2(t)$$

(10) ^{238}U の数を N_U, ^{226}Ra の数を N_{Ra} とすると

$$N_{Ra} = N_U \times \frac{1600 \text{ 年}}{45 \text{ 億年}} \fallingdotseq N_U \times 0.36 \times 10^{-6}$$

これに質量の補正をすれば, ^{238}U 1 トン中の ^{226}Ra の量は

$$1 \times 0.36 \times 10^{-6} \times \frac{226}{238} \text{ トン} = 0.34 \times 10^{-6} \text{ トン} = 0.34 \text{ g}$$

となる.　　　　　　　　　　　　　　　　　　　　　　　　　　　　　□
ウラン鉱からラジウムを分離したキュリー夫妻の仕事が，いかに大変なものであったかと思わされる.

■ 贋作絵画の鑑定　　　　　　　　　　　　　　　　　　　　　　　　★☆☆

　美術工芸品の贋作事件は頻繁に発生してきた. 真贋鑑定は豊富な知識と経験をもった専門家に頼ることになるが，容易ではないようだ. 現在では，製作年代については科学的調査が可能になっている. 原子核の放射平衡を利用した最初の事例について，簡単にまとめておこう.

　ナチス・ドイツが退去した城でオランダの至宝ともいわれるフェルメール（1632–1675）の作品が発見された. その出所をたどる過程で，画家で画商でもあったファン・メーヘレンが国宝と知りながらナチス・ドイツに売却した反逆罪に問われ，1945 年にアムステルダムで逮捕された. 当初彼は取り調べに応じようとはしなかったが，結局自分で描いたものでフェルメールの作品ではないと告白した. しかし，彼の言葉を信じるものはいなかった. 問題の絵画は当時のフェルメール作品の目録にこそ載っていなかったが，ロッテルダムのボイマンス美術館に展示されているフェルメールの名作「エマオの食事」と類似点が多かったためである. ところが，この「エマオの食事」も実はファン・メーヘレンの描いたフェルメール風の贋作であった.

　1967 年になり，米国カーネギー・メロン大学の画材研究所に当時の調査結果の検証が依頼された. 調査チームは，昔からほとんどの絵画に使われている白色を作る鉛の化合物（鉛白）に着目した. 鉛には半減期 22 年の放射性同位元素 ^{210}Pb が含まれる. この元素の放射性崩壊の系列をさかのぼると，半減期 1600 年のラジウム ^{226}Ra にたどり着く. ^{226}Ra は 4 回の α 崩壊と 2 回の β 崩壊を経て ^{210}Pb になるが，途中の元素の半減期は最も長いもので 3.8 日なので，ここでは ^{226}Ra が崩壊して ^{210}Pb が生み出されると考える.

　自然界の鉱物中では，それができてから十分長い時間が経過しているので，^{210}Pb が崩壊して減少する数と ^{226}Ra の崩壊で新たに作られる数は等しくなっていると考えられる（**放射平衡**）. ところで，フェルメールが活動していたのは 300 年ほど昔のことであり，この間に ^{226}Ra は $\left(\dfrac{1}{2}\right)^{300/1600} \fallingdotseq 0.88$ 倍になるが，精密測定ではないので，^{226}Ra の単位時間当たりの崩壊数は一定であると見なす.

　鉱物を採取して絵の具へと生成する過程で，^{210}Pb 以外の放射性元素がほとんど除去される. そのため ^{210}Pb の崩壊数はわずかに残った ^{226}Ra より多くなり，つりあいが破れる. しかし十分に時間が経てば，放射平衡が回復する. つまり，問題となった絵画から Pb を取り出し，そこに含まれる ^{210}Pb と ^{226}Ra の崩壊数を測定し，その値が大きく異なるときは「新しい」，近い値であれば「古い」と判断できる.

　調査チームは，作成年代がはっきりしたサンプルを用いて実際に測定し，19 世紀のものでは崩壊数のずれが大きいが，18 世紀以前のものであれば，測定誤差の範囲内で放射平衡

にあると見なせることを確かめた [*1)]. ただし，崩壊数測定の技術的理由により，^{210}Pb で
はなくポロニウム ^{210}Po の崩壊数が測定された．^{210}Pb が β 崩壊してビスマス ^{210}Bi が
生じ，半減期 5.0 日で ^{210}Po に β 崩壊する．さらに ^{210}Po は半減期 139 日で崩壊するの
で，^{210}Pb と ^{210}Po 間の放射平衡は数年で回復し，それらの崩壊数は等しいと見なせる．

問題 8.2.5

　フェルメールの名作といわれていた「エマオの食事」が贋作かどうか鑑定すること
になった．顔料から取り出した鉛 1 g に含まれる ^{226}Ra と ^{210}Pb の崩壊数で年代を判
定することにした．以下では顔料が製作されたときを時刻 $t = 0$ とし

$$N_{\mathrm{Pb}}(t) = \text{時刻 } t \text{ における鉛 1 g 中の } ^{210}\text{Pb の数}$$

$$X_{\mathrm{Ra}} = \text{鉛 1 g 中の Ra の崩壊数（定数）}$$

とする．λ を ^{210}Pb の崩壊定数として，次の式が成り立つ．

$$\frac{dN_{\mathrm{Pb}}(t)}{dt} = -\lambda N_{\mathrm{Pb}}(t) + X_{\mathrm{Ra}} \tag{8.2.6}$$

(11) $N_{\mathrm{Pb}}(0) = N_0$ としてこの微分方程式を解け．

(12) 判定を依頼された絵は，鉛 1 g 中の ^{210}Pb の 1 分当たりの崩壊数が $\lambda N_{\mathrm{Pb}}(t) =$
8.5 dpm/g, $X_{\mathrm{Ra}} = 0.8$ dpm/g であった．dpm は disintegration per minute（1
分当たりの崩壊数）を表す．この絵は本物だろうか．

▶ **解**

(11) 式 (8.2.6) の右辺第 1 項を左辺へ移項し，積分因子 $e^{\lambda t}$ を掛けて積分すると

$$e^{\lambda t} N_{\mathrm{Pb}} = \frac{X_{\mathrm{Ra}}}{\lambda} e^{\lambda t} + C \quad \xrightarrow{t \to 0} \quad N_0 = \frac{X_{\mathrm{Ra}}}{\lambda} + C$$

$$\Rightarrow \quad N_{\mathrm{Pb}}(t) = \frac{X_{\mathrm{Ra}}}{\lambda} + \left(N_0 - \frac{X_{\mathrm{Ra}}}{\lambda} \right) e^{-\lambda t} \tag{8.2.7}$$

(12) 鉛 1 g 中の ^{210}Pb の崩壊数 $\lambda N_{\mathrm{Pb}}(t)$ を $X_{\mathrm{Pb}}(t)$ とおく．測定結果は，

$$\frac{X_{\mathrm{Pb}}(t)}{X_{\mathrm{Ra}}} = \frac{8.5}{0.8} \fallingdotseq 10.6$$

となって放射平衡（このとき上の比の値は 1 になる）にはほど遠い．年代のわかって
いる 18 世紀以前のものでは放射平衡になっていると認められていることから，フェ
ルメールの描いたものではないことは明らかであろう．　　　　　　　　　　□

　式 (8.2.7) から定量的な考察をしてみよう．この式に λ を掛け，X_{Ra} で割ると

$$\frac{X_{\mathrm{Pb}}(t)}{X_{\mathrm{Ra}}} = 1 + \left(\frac{X_{\mathrm{Pb}}(0)}{X_{\mathrm{Ra}}} - 1 \right) e^{-\lambda t} \tag{8.2.8}$$

[*1)] 詳細は次の論文に示されている．B. Keisch, R. L. Feller, A. S. Levine, R. R. Edwares, "Dating and Authenticating Works of Art by Measurement of Natural Alpha Emitters", *Science*, **155**, 1238–1242, 1967.

となる．$X_{\mathrm{Pb}}(0)/X_{\mathrm{Ra}}$ は顔料が製作された
ときの ^{210}Pb と ^{226}Ra の崩壊数の比で，い
まから測定して確かめるわけにはいかない．
先に示した論文では，さまざまなサンプルの
測定より 6～1000 以上の広い範囲にわたる
とされている．以下，この論文にならってこ
の値を SF (Separation Factor) と書き，放
射平衡にどのくらい近いかを示す無次元の指
標として

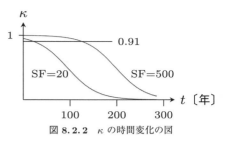

図 8.2.2 κ の時間変化の図

$$\kappa = 1 - \frac{X_{\mathrm{Ra}}}{X_{\mathrm{Pb}}(t)}$$

に着目する．κ の値は，放射平衡のとき 0 で，放射平衡から離れるほど 1 に近づく．(12)
の測定値では，

$$\kappa = 1 - \frac{0.8}{8.5} = 0.91$$

となる．式 (8.2.8) より

$$\kappa = \frac{(\mathrm{SF} - 1)e^{-\lambda t}}{(\mathrm{SF} - 1)e^{-\lambda t} + 1}$$

と表される．SF＝ 20 と 500 のときの κ を図 8.2.2 に示した．λ は ^{210}Pb の崩壊係数で，
$\lambda = 0.6931/22 = 3.15 \times 10^{-2}$ 〔1/年〕である．

贋作の疑いがあったほかの絵画に関する測定結果をまとめた表を引用しておこう．9 個
のサンプルに対するデータで，6 番目までがファン・メーヘレンが描いたと主張した絵画，
最後の 2 つがフェルメールの真作である．Pb 1 g 中の ^{210}Po と ^{226}Ra の崩壊数および κ
のデータが並んでいる．明らかに，7 個目までのデータでは放射平衡にはなっておらず，
フェルメールの時代に描かれたものではないと判断できる [*2]．

Table 1. Paintings of questioned authorship. dpm, Disintegrations per minute.

Description	Po²¹⁰ concentration (dpm/g of Pb)	Ra²²⁶ concentration (dpm/g of Pb)	[1 − (Ra)/(Po)]
Van Meegeren,* "Washing of Feet," Vermeer style	12.6 ± 0.7	0.26 ± 0.07	0.98 ± 0.01
Van Meegeren,* "Woman Reading Music," Vermeer style	10.3 ± 1.2	.30 ± .08	.97 ± .01
Van Meegeren,* "Woman Playing Mandolin," Vermeer style, pigment sample	8.2 ± 0.9	.17 ± .10	.98 ± .02
"Woman Playing Mandolin," ground and pigment sample	7.4 ± 1.5	.55 ± .17	.93 ± .03
Van Meegeren,* "Woman Drinking," Hals style	8.3 ± 1.2	.1 ± .1	.99 ± .01
Van Meegeren,† "Disciples at Emmaus," Vermeer style	8.5 ± 1.4	.8 ± .3	.91 ± .04
Unknown,‡ "Boy Smoking," Hals style	4.8 ± 0.6	.31 ± .14	.94 ± .02
Vermeer,§ "Lace-maker"	1.5 ± .3	1.4 ± .2	.07 ± .23
Vermeer,§ "Laughing Girl"	5.2 ± .8	6.0 ± .9	− .15 ± .25

* Courtesy of the Rijksmuseum, Amsterdam, Netherlands; Dr. A. van Schendel, Director-General.
† Courtesy of the Museum Boymans-van Beuningen, Rotterdam, Netherlands; Dr. J. C. Ebbinge Wubben, Director.   ‡ Courtesy of the Gröninger Museum, Gröningen, Netherlands; Dr. A. Westers, Director.   § Courtesy of the National Gallery of Art, Washington, D.C.; Dr. J. Walker, Director.

[*2] この表は次の論文から引用した．B. Keisch, "Dating Works of Art through Their Natural
Radioactivity: Improvements and Applications", *Science*, **160**, 413–415, 1968.

8.3 原子核の放射性崩壊2：崩壊する原子核の個数計算

■ 3 番目の原子核数 $N_3(t)$ ★★☆

▶ 8.2 節 で，放射性元素の数の変化を崩壊系列の 2 番目まで求めた．それぞれのみたす方程式，初期条件，解は以下の通りであった．

$$\frac{dN_1}{dt} = -\lambda_1 N_1, \qquad\qquad N_1(0) = N_0, \quad N_1(t) = N_0 e^{-\lambda_1 t}$$

$$\frac{dN_2}{dt} = -\lambda_2 N_2 + \lambda_1 N_1, \quad N_2(0) = 0, \qquad N_2(t) = \lambda_1 N_0 \left(\frac{e^{-\lambda_1 t}}{\lambda_2 - \lambda_1} + \frac{e^{-\lambda_2 t}}{\lambda_1 - \lambda_2} \right)$$

はじめの微分方程式は，原子核 1 が崩壊してその個数 N_1 が単位時間当たり $\lambda_1 N_1$ 減少することを示す．2 番目の方程式は，原子核 1 が崩壊してできた原子核 2 も崩壊し，単位時間当たり $\lambda_2 N_2$ 減少することを示す．初期条件は，$t = 0$ のときには原子核 1 だけが N_0 個存在し，その他の原子核は存在しなかったとする．

問題 8.3.1

原子核 2 が崩壊して生み出された原子核 3 も放射性をもち，崩壊定数 λ_3 で原子核 4 に崩壊する．

(1) 原子核 3 の数を $N_3(t)$ とし，これがみたす微分方程式を書け．

(2) はじめ，原子核 3 は存在していなかったとしてこの微分方程式を解け．

▶ **解**

(1)

$$\frac{dN_3}{dt} = -\lambda_3 N_3 + \lambda_2 N_2$$

(2) 右辺第 1 項を左辺に移項して $e^{\lambda_3 t}$ を掛けて積分すると

$$e^{\lambda_3 t} N_3(t) = \lambda_1 \lambda_2 N_0 \left\{ \frac{e^{(\lambda_3 - \lambda_1)t}}{(\lambda_2 - \lambda_1)(\lambda_3 - \lambda_1)} + \frac{e^{(\lambda_3 - \lambda_2)t}}{(\lambda_1 - \lambda_2)(\lambda_3 - \lambda_2)} \right\} + C_3$$

となる．$N_3(0) = 0$ より

$$C_3 = -\lambda_1 \lambda_2 N_0 \left\{ \frac{1}{(\lambda_2 - \lambda_1)(\lambda_3 - \lambda_1)} + \frac{1}{(\lambda_1 - \lambda_2)(\lambda_3 - \lambda_2)} \right\}$$

$$= \frac{\lambda_1 \lambda_2 N_0}{(\lambda_1 - \lambda_3)(\lambda_2 - \lambda_3)}$$

と決まり

$$N_3(t) = \lambda_1 \lambda_2 N_0 \left\{ \frac{e^{-\lambda_1 t}}{(\lambda_2 - \lambda_1)(\lambda_3 - \lambda_1)} + \frac{e^{-\lambda_2 t}}{(\lambda_1 - \lambda_2)(\lambda_3 - \lambda_2)} \right. $$

$$\left. + \frac{e^{-\lambda_3 t}}{(\lambda_1 - \lambda_3)(\lambda_2 - \lambda_3)} \right\}$$

となる．   □

■ i 番目の原子核数 $N_i(t)$ ★★★

$N_2(t)$, $N_3(t)$ の形から，原子核が次々と崩壊していくとすると，i 番目の原子核の個数は

$$N_i(t) = \lambda_1 \lambda_2 \cdots \lambda_{i-1} N_0 \sum_{k=1}^{i} \frac{e^{-\lambda_k t}}{\displaystyle\prod_{\substack{\ell=1 \\ \ell \neq k}}^{i} (\lambda_\ell - \lambda_k)} \tag{8.3.1}$$

となると予想される．分母の記号 $\prod$ は ℓ に関する掛け算を表していて [*3]，例えば

$$\prod_{\substack{\ell=1 \\ \ell \neq 1}}^{3} (\lambda_\ell - \lambda_1) = (\lambda_2 - \lambda_1)(\lambda_3 - \lambda_1)$$

となる．0 で割ることはできないから，$\lambda_k - \lambda_k$ が出てこないように $\ell \neq k$ となっている．この記号を使うと

$$N_2(t) = \lambda_1 N_0 \sum_{k=1}^{2} \frac{e^{-\lambda_k t}}{\displaystyle\prod_{\substack{\ell=1 \\ \ell \neq k}}^{2} (\lambda_\ell - \lambda_k)}, \qquad N_3(t) = \lambda_1 \lambda_2 N_0 \sum_{k=1}^{3} \frac{e^{-\lambda_k t}}{\displaystyle\prod_{\substack{\ell=1 \\ \ell \neq k}}^{3} (\lambda_\ell - \lambda_k)}$$

と書けることを確認してほしい．式 (8.3.1) が正しいとすると，$N_i(0) = 0$ だから，

$$\sum_{k=1}^{i} \frac{1}{\displaystyle\prod_{\substack{\ell=1 \\ \ell \neq k}}^{i} (\lambda_\ell - \lambda_k)} = 0, \quad i = 2, 3, \ldots$$

が成り立っていなければならない．まずこの等式を示そう．

問題 8.3.2

(3) 等式

$$\sum_{k=1}^{i} \frac{1}{\displaystyle\prod_{\substack{\ell=1 \\ \ell \neq k}}^{i} (\lambda_\ell - \lambda_k)} = 0 \tag{8.3.2}$$

が $i = 2, 3, \ldots, n$ のときに成り立つと仮定すれば $i = n + 1$ のときにも成り立つことを示せ．この結果，数学的帰納法により式 (8.3.2) は i が 2 以上の自然数に対して常に成り立つことが証明される．

[*3] 和（sum）を表すシグマ記号，$\displaystyle\sum_{i=1}^{n} a_i \equiv a_1 + a_2 + \cdots + a_n$，と同様に定義された積（product）を表すパイ記号である．$\displaystyle\prod_{i=1}^{n} a_i \equiv a_1 a_2 \cdots a_n$．

▶解

(3) 式 (8.3.2) で $i = n+1$ と置き λ_{n+1} を含む項を分離する. つまり

$$\sum_{k=1}^{n+1} \frac{1}{\displaystyle\prod_{\substack{\ell=1 \\ \ell \neq k}}^{n+1} (\lambda_\ell - \lambda_k)} = \sum_{k=1}^{n} \frac{1}{\displaystyle\prod_{\substack{\ell=1 \\ \ell \neq k}}^{n} (\lambda_\ell - \lambda_k) \times (\lambda_{n+1} - \lambda_k)} + \frac{1}{\displaystyle\prod_{\ell=1}^{n} (\lambda_\ell - \lambda_{n+1})}$$

$$\tag{8.3.3}$$

と書き直す. この式 (8.3.3) の右辺第 1 項を

$$\sum_{k=1}^{n} \frac{1}{\displaystyle\prod_{\substack{\ell=1 \\ \ell \neq k}}^{n} (\lambda_\ell - \lambda_k)} \left(\frac{1}{\lambda_{n+1} - \lambda_k} - \frac{1}{\lambda_{n+1} - \lambda_n} + \frac{1}{\lambda_{n+1} - \lambda_n} \right)$$

$$= \sum_{k=1}^{n} \frac{1}{\displaystyle\prod_{\substack{\ell=1 \\ \ell \neq k}}^{n} (\lambda_\ell - \lambda_k)} \left\{ \frac{\lambda_k - \lambda_n}{(\lambda_{n+1} - \lambda_k)(\lambda_{n+1} - \lambda_n)} + \frac{1}{\lambda_{n+1} - \lambda_n} \right\}$$

$$= \frac{1}{\lambda_n - \lambda_{n+1}} \sum_{k=1}^{n-1} \frac{1}{\displaystyle\prod_{\substack{\ell=1 \\ \ell \neq k}}^{n-1} (\lambda_\ell - \lambda_k) \times (\lambda_{n+1} - \lambda_k)}$$

$$+ \sum_{k=1}^{n} \frac{1}{\displaystyle\prod_{\substack{\ell=1 \\ \ell \neq k}}^{n} (\lambda_\ell - \lambda_k)} \times \frac{1}{\lambda_{n+1} - \lambda_n}$$

と書き換える. この右辺第 1 項は, 1 つ前の式に $\lambda_k - \lambda_n$ があるので, k についての和で $k = n$ の項がなくなり, $n-1$ までとなっている. また, $k \neq n$ のときは分母の ℓ についての積で $\ell = n$ のときに $\lambda_n - \lambda_k$ が因数となるので分子と約分されて $n-1$ までになる. このとき -1 が出るので $\lambda_{n+1} - \lambda_n$ を $\lambda_n - \lambda_{n+1}$ とした. 右辺第 2 項は式 (8.3.2) で $i = n$ としたものだから仮定により 0 となる. よって式 (8.3.3) は次のように書き換えられる.

$$\sum_{k=1}^{n+1} \frac{1}{\displaystyle\prod_{\substack{\ell=1 \\ \ell \neq k}}^{n+1} (\lambda_\ell - \lambda_k)}$$

$$= \frac{1}{\lambda_n - \lambda_{n+1}} \sum_{k=1}^{n-1} \frac{1}{\displaystyle\prod_{\substack{\ell=1 \\ \ell \neq k}}^{n-1} (\lambda_\ell - \lambda_k) \times (\lambda_{n+1} - \lambda_k)} + \frac{1}{\displaystyle\prod_{\ell=1}^{n} (\lambda_\ell - \lambda_{n+1})}$$

さらに前と同じように右辺第 1 項を書き換える.

$$\sum_{k=1}^{n-1} \frac{1}{\displaystyle\prod_{\substack{\ell=1 \\ \ell \neq k}}^{n-1}(\lambda_\ell - \lambda_k)} \left(\frac{1}{\lambda_{n+1} - \lambda_k} - \frac{1}{\lambda_{n+1} - \lambda_{n-1}} + \frac{1}{\lambda_{n+1} - \lambda_{n-1}} \right)$$

$$= \sum_{k=1}^{n-1} \frac{1}{\displaystyle\prod_{\substack{\ell=1 \\ \ell \neq k}}^{n-1}(\lambda_\ell - \lambda_k)} \left\{ \frac{\lambda_k - \lambda_{n-1}}{(\lambda_{n+1} - \lambda_k)(\lambda_{n+1} - \lambda_{n-1})} + \frac{1}{\lambda_{n+1} - \lambda_{n-1}} \right\}$$

$$= \frac{1}{\lambda_{n-1} - \lambda_{n+1}} \sum_{k=1}^{n-2} \frac{1}{\displaystyle\prod_{\substack{\ell=1 \\ \ell \neq k}}^{n-2}(\lambda_\ell - \lambda_k) \times (\lambda_{n+1} - \lambda_k)}$$

$$+ \sum_{k=1}^{n-1} \frac{1}{\displaystyle\prod_{\substack{\ell=1 \\ \ell \neq k}}^{n-1}(\lambda_\ell - \lambda_k)} \times \frac{1}{\lambda_{n+1} - \lambda_{n-1}}$$

右辺第 2 項は式 (8.3.2) で $i = n-1$ としたものだから仮定により 0 となるので，式 (8.3.3) はさらに次のように書き換えられる.

$$\sum_{k=1}^{n+1} \frac{1}{\displaystyle\prod_{\substack{\ell=1 \\ \ell \neq k}}^{n+1}(\lambda_\ell - \lambda_k)}$$

$$= \frac{1}{(\lambda_n - \lambda_{n+1})(\lambda_{n-1} - \lambda_{n+1})} \sum_{k=1}^{n-2} \frac{1}{\displaystyle\prod_{\substack{\ell=1 \\ \ell \neq k}}^{n-2}(\lambda_\ell - \lambda_k) \times (\lambda_{n+1} - \lambda_k)}$$

$$+ \frac{1}{\displaystyle\prod_{\ell=1}^{n}(\lambda_\ell - \lambda_{n+1})}$$

このようにして，右辺第 1 項の和と積の上限を下げていくことができる．この手続きを繰り返し，$n-2$ 回適用すれば，

$$\sum_{k=1}^{n+1} \frac{1}{\displaystyle\prod_{\substack{\ell=1 \\ \ell \neq k}}^{n+1}(\lambda_\ell - \lambda_k)} = \frac{1}{\displaystyle\prod_{j=3}^{n}(\lambda_j - \lambda_{n+1})} \sum_{k=1}^{2} \frac{1}{\displaystyle\prod_{\substack{\ell=1 \\ \ell \neq k}}^{2}(\lambda_\ell - \lambda_k) \times (\lambda_{n+1} - \lambda_k)}$$

$$+ \frac{1}{\displaystyle\prod_{\ell=1}^{n}(\lambda_\ell - \lambda_{n+1})}$$

となる. ここで

$$\sum_{k=1}^{2} \frac{1}{\prod_{\substack{\ell=1 \\ \ell \neq k}}^{2}(\lambda_\ell - \lambda_k) \times (\lambda_{n+1} - \lambda_k)}$$

$$= \frac{1}{(\lambda_2 - \lambda_1)(\lambda_{n+1} - \lambda_1)} + \frac{1}{(\lambda_1 - \lambda_2)(\lambda_{n+1} - \lambda_2)} = -\frac{1}{(\lambda_1 - \lambda_{n+1})(\lambda_2 - \lambda_{n+1})}$$

となるので,

$$\sum_{k=1}^{n+1} \frac{1}{\prod_{\substack{\ell=1 \\ \ell \neq k}}^{n+1}(\lambda_\ell - \lambda_k)} = -\frac{1}{\prod_{j=1}^{n}(\lambda_j - \lambda_{n+1})} + \frac{1}{\prod_{\ell=1}^{n}(\lambda_\ell - \lambda_{n+1})} = 0$$

となることがわかる. したがって, 式 (8.3.2) が $i = 2, 3, \ldots, n$ に対して成り立てば $i = n+1$ のときにも成り立つことになる. また, $N_2(0) = 0$, $N_3(0) = 0$ であるが, これらは式 (8.3.2) が $i = 2$, 3 のときに成り立つことを示している. よって, 数学的帰納法により式 (8.3.2) は i が 2 以上の任意の自然数に対して成り立つ.   □

問題 8.3.3

(4) $N_i(0) = 0$ とする. $N_i(t)$ が次のようになることを数学的帰納法により示せ. なお, $N_2(t)$, $N_3(t)$ がこの形になることはすでに示した.

$$N_i(t) = \lambda_1 \lambda_2 \cdots \lambda_{i-1} N_0 \sum_{k=1}^{i} \frac{e^{-\lambda_k t}}{\prod_{\substack{\ell=1 \\ \ell \neq k}}^{i}(\lambda_\ell - \lambda_k)} \tag{8.3.4}$$

▶ 解

(4) $i = n$ のときに式 (8.3.4) が成り立つとする. $N_{n+1}(t)$ がみたす方程式は

$$\frac{dN_{n+1}}{dt} = -\lambda_{n+1} N_{n+1} + \lambda_n N_n$$

右辺第 1 項を左辺に移して $e^{\lambda_{n+1} t}$ を掛けると

$$\frac{d}{dt}\left(e^{\lambda_{n+1} t} N_{n+1}\right) = \lambda_n e^{\lambda_{n+1} t} N_n = \lambda_1 \lambda_2 \cdots \lambda_n N_0 \sum_{k=1}^{n} \frac{e^{(\lambda_{n+1} - \lambda_k)t}}{\prod_{\substack{\ell=1 \\ \ell \neq k}}^{n}(\lambda_\ell - \lambda_k)}$$

と書き換えられる. 積分して積分定数を C とすれば

$$e^{\lambda_{n+1} t} N_{n+1} = \lambda_1 \lambda_2 \cdots \lambda_n N_0 \sum_{k=1}^{n} \frac{e^{(\lambda_{n+1} - \lambda_k)t}}{(\lambda_{n+1} - \lambda_k)\prod_{\substack{\ell=1 \\ \ell \neq k}}^{n}(\lambda_\ell - \lambda_k)} + C$$

$$= \lambda_1\lambda_2\cdots\lambda_n N_0 \sum_{k=1}^{n} \frac{e^{(\lambda_{n+1}-\lambda_k)t}}{\displaystyle\prod_{\substack{\ell=1\\\ell\neq k}}^{n+1}(\lambda_\ell - \lambda_k)} + C \tag{8.3.5}$$

となる. $N_{n+1}(0)=0$ より C が次のように決まる.

$$C = -\lambda_1\lambda_2\cdots\lambda_n N_0 \sum_{k=1}^{n} \frac{1}{\displaystyle\prod_{\substack{\ell=1\\\ell\neq k}}^{n+1}(\lambda_\ell - \lambda_k)} = \lambda_1\lambda_2\cdots\lambda_n N_0 \frac{1}{\displaystyle\prod_{\substack{\ell=1\\\ell\neq n+1}}^{n+1}(\lambda_\ell - \lambda_{n+1})}$$

上の書き換えでは，先に導いた等式 (8.3.2) で $i=n+1$ とした式を用いた．これを式 (8.3.5) に代入して

$$N_{n+1}(t) = \lambda_1\lambda_2\cdots\lambda_n N_0 \sum_{k=1}^{n} \frac{e^{-\lambda_k t}}{\displaystyle\prod_{\substack{\ell=1\\\ell\neq k}}^{n+1}(\lambda_\ell - \lambda_k)} + \lambda_1\lambda_2\cdots\lambda_n N_0 \frac{e^{-\lambda_{n+1}t}}{\displaystyle\prod_{\substack{\ell=1\\\ell\neq n+1}}^{n}(\lambda_\ell - \lambda_n)}$$

$$= \lambda_1\lambda_2\cdots\lambda_n N_0 \sum_{k=1}^{n+1} \frac{e^{-\lambda_k t}}{\displaystyle\prod_{\substack{\ell=1\\\ell\neq k}}^{n+1}(\lambda_\ell - \lambda_k)}$$

が得られる．これは式 (8.3.4) が $i=n+1$ のときにも成り立つことを示す．すでに見た通り $i=2, 3$ のときには式 (8.3.4) が成り立っていたので，数学的帰納法により，式 (8.3.4) は i が 2 以上のすべての自然数に対して成り立つ. □

問題 8.3.4

原子核 1 から始まる崩壊の系列は m 番目の原子核 m がこれ以上崩壊しない安定な原子核となって終わる.

(5) 原子核 m の数を $N_m(t)$ とし，これがみたす微分方程式を書け.

(6) はじめ，原子核 m は存在していなかったとしてこの微分方程式を解け.

▶ **解**

(5)

$$\frac{dN_m}{dt} = \lambda_{m-1}N_{m-1} = \lambda_1\lambda_2\cdots\lambda_{m-1}N_0 \sum_{k=1}^{m-1} \frac{e^{-\lambda_k t}}{\displaystyle\prod_{\substack{\ell=1\\\ell\neq k}}^{m-1}(\lambda_\ell - \lambda_k)}$$

(6) 積分して積分定数を D とすると

$$N_m(t) = -\lambda_1\lambda_2\cdots\lambda_{m-1}N_0 \sum_{k=1}^{m-1} \frac{e^{-\lambda_k t}}{\lambda_k \displaystyle\prod_{\substack{\ell=1\\\ell\neq k}}^{m-1}(\lambda_\ell - \lambda_k)} + D$$

$N_m(0) = 0$ より D が

$$D = \lambda_1 \lambda_2 \cdots \lambda_{m-1} N_0 \sum_{k=1}^{m-1} \frac{1}{\lambda_k \prod_{\substack{\ell=1 \\ \ell \neq k}}^{m-1} (\lambda_\ell - \lambda_k)}$$

と決まる. ここで, 式 (8.3.3) を書き直したときの手法を用いると

$$\sum_{k=1}^{m-1} \frac{1}{\lambda_k \prod_{\substack{\ell=1 \\ \ell \neq k}}^{m-1} (\lambda_\ell - \lambda_k)} = \sum_{k=1}^{m-1} \frac{1}{\prod_{\substack{\ell=1 \\ \ell \neq k}}^{m-1} (\lambda_\ell - \lambda_k)} \left(\frac{1}{\lambda_k} - \frac{1}{\lambda_{m-1}} + \frac{1}{\lambda_{m-1}} \right)$$

$$= \sum_{k=1}^{m-1} \frac{1}{\prod_{\substack{\ell=1 \\ \ell \neq k}}^{m-1} (\lambda_\ell - \lambda_k)} \left(\frac{\lambda_{m-1} - \lambda_k}{\lambda_k \lambda_{m-1}} + \frac{1}{\lambda_{m-1}} \right)$$

$$= \frac{1}{\lambda_{m-1}} \sum_{k=1}^{m-2} \frac{1}{\prod_{\substack{\ell=1 \\ \ell \neq k}}^{m-2} (\lambda_\ell - \lambda_k)} \frac{1}{\lambda_k} + \sum_{k=1}^{m-1} \frac{1}{\prod_{\substack{\ell=1 \\ \ell \neq k}}^{m-1} (\lambda_\ell - \lambda_k)} \times \frac{1}{\lambda_{m-1}}$$

と書き換えられる. ここで右辺第 1 項では, 1 つ前の式で $\lambda_{m-1} - \lambda_k$ がかかっているので, $k = m - 1$ の項がなくなっている. また, $k \neq m - 1$ のとき, この項は分母で $\ell = m - 1$ のときの因数と約分される. 右辺第 2 項の和の部分は式 (8.3.2) で $i = m - 1$ としたものを含むから 0 である. ゆえに

$$\sum_{k=1}^{m-1} \frac{1}{\lambda_k \prod_{\substack{\ell=1 \\ \ell \neq k}}^{m-1} (\lambda_\ell - \lambda_k)} = \frac{1}{\lambda_{m-1}} \sum_{k=1}^{m-2} \frac{1}{\prod_{\substack{\ell=1 \\ \ell \neq k}}^{m-2} (\lambda_\ell - \lambda_k)} \frac{1}{\lambda_k}$$

が成り立つことがわかる. 以下,

$$\frac{1}{\lambda_k} \quad \rightarrow \quad \frac{1}{\lambda_k} - \frac{1}{\lambda_{m-2}} + \frac{1}{\lambda_{m-2}}$$

のように順次書き換えてゆくと

$$\sum_{k=1}^{m-1} \frac{1}{\lambda_k \prod_{\substack{\ell=1 \\ \ell \neq k}}^{m-1} (\lambda_\ell - \lambda_k)} = \frac{1}{\lambda_{m-1}\lambda_{m-2}\cdots\lambda_3} \sum_{k=1}^{2} \frac{1}{\prod_{\substack{\ell=1 \\ \ell \neq k}}^{2} (\lambda_\ell - \lambda_k)} \frac{1}{\lambda_k}$$

となるまで変形できる. ここで

$$\sum_{k=1}^{2} \frac{1}{\prod_{\substack{\ell=1 \\ \ell \neq k}}^{2} (\lambda_\ell - \lambda_k)} \frac{1}{\lambda_k} = \frac{1}{(\lambda_2 - \lambda_1)\lambda_1} + \frac{1}{(\lambda_1 - \lambda_2)\lambda_2} = \frac{1}{\lambda_2 \lambda_1}$$

となるので

$$D = \lambda_1 \lambda_2 \cdots \lambda_{m-1} N_0 \times \frac{1}{\lambda_{m-1} \lambda_{m-2} \cdots \lambda_1} = N_0$$

となる．したがって，

$$N_m(t) = N_0 - \lambda_1 \lambda_2 \cdots \lambda_{m-1} N_0 \sum_{k=1}^{m-1} \frac{e^{-\lambda_k t}}{\lambda_k \displaystyle\prod_{\substack{\ell=1 \\ \ell \neq k}}^{m-1} (\lambda_\ell - \lambda_k)} \qquad \square$$

最終的にはすべて崩壊して原子核 m になると考えれば $\displaystyle\lim_{t \to \infty} N_m(t) = D$ となることから $D = N_0$ となるのは明らかである．

問題 8.3.5

(7) 任意の時刻 t において

$$\sum_{i=1}^{m} N_i(t) = N_0$$

であることを示せ．

▶ 解

(7) ほぼ自明であるが，$N_i(t)$ を足し上げるのは難しい．定数であることは，微分して 0 になることを確かめればよい．原子核崩壊を表す微分方程式より

$$\frac{d}{dt} \sum_{i=1}^{m} N_i(t) = \frac{dN_1}{dt} + \sum_{i=2}^{m-1} \frac{dN_i}{dt} + \frac{dN_m}{dt}$$

$$= -\lambda_1 N_1 + \sum_{i=2}^{m-1} (-\lambda_i N_i + \lambda_{i-1} N_{i-1}) + \lambda_{m-1} N_{m-1} = 0$$

となるのでこの和は定数で，その値は初期条件で決まる．

$$\sum_{i=1}^{m} N_i(t) = \sum_{i=1}^{m} N_i(0) = N_0 \qquad \square$$

シミュレーションの技法

　本書では，紙と鉛筆で解ける問題（解析的に解ける問題）を扱ってきたが，現実の世界はそれほど単純ではない．ここでは，どのようにしたらコンピュータを使ったシミュレーションができるのか，アルゴリズムを説明しよう．扱うのは常微分方程式のプログラム解法である．

チューリング

解析的手法と数値的手法の違い

　コンピュータで計算させれば，どんな厄介な計算もできるはず，と思う人も多いが，実はそう簡単ではない．数値計算特有の問題がいろいろあり，その特徴を知った上でプログラムを組んでいく必要がある．

　シミュレーションを行うときの一番の問題は，コンピュータ上では，すべてのものが数値として取り扱われるために，関数が「連続である」という概念がなく，すべてが「差分化」された「離散的」な点の集合だ，ということだ（図 C.1.1）．例えば，位置 x が時刻 t の関数だとしよう．数学的にも物理的にも関数 $x = x(t)$ は連続である．しかし，コンピュータ上では数値の列として扱うために，とびとびの時間 $t_1, t_2, \ldots$ に対しての位置 $x(t_1), x(t_2), \ldots$ を並べているに過ぎない．そのため，$x = x(t)$ を微分して速度を求めようとするとき，コンピュータ上のデータでは微分の操作は，差分の操作に置き換える必要がでてくる．このように差分化で生じる誤差を打ち切り誤差という．

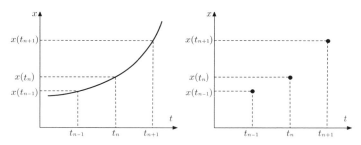

図 **C.1.1**　連続関数であっても，コンピュータ上は差分化された点列として扱われる．

　また，数値として扱う桁数も問題となる．数値計算用のプログラム言語（C や Fortran，Java）では，実数を表すのに，**単精度**と**倍精度**という実数型の区別がある．コンピュータの内部では 2 進数ですべての数を表現するが，1 つの実数を表すのに 32 ビット（4 バイト）を使うのが単精度型，64 ビット（8 バイト）を使うのが倍精度型である．どちらも，**浮動小数点形式**と呼ばれ，倍精度型なら

$$符号（1 ビット）・仮数（52 ビット）\times 2^{指数（11 ビット）}$$

と割り当てて実数表現がされている．10 進数に直すと，表現される実数 x は $10^{-308} < |x| < 10^{308}$ の範囲であり，桁数の精度は $|\Delta x / x| \sim 10^{-16}$ である．

　仮数部の最後の桁より先は，切り捨て・切り上げ・四捨五入などで処理されるため（丸められるため），誤差が生じている（丸め誤差という）．つまり，単精度型であれば小数点以下 8 桁程度，倍精度型であれば小数点以下 15 桁程度が表現できるが，最後の桁は誤差を含む．これ以上小さな量を取り扱うことはできないし，計算を 10 回続ければこの誤差が 10 倍に拡大する可能性がある．

C. 2 微分するプログラム，積分するプログラム

■ 微分の操作 ★☆☆

微分は，導関数を求めることであり，関数 $f(t)$ に対して，t の各点で，導関数

$$f'(t) = \lim_{\Delta t \to 0} \frac{f(t + \Delta t) - f(t)}{\Delta t} \tag{C.2.1}$$

を求めることである．コンピュータ上では，無限小にする極限操作は行えないので，小さな Δt を設定して，

$$f'(t) = \frac{f(t + \Delta t) - f(t)}{\Delta t} \tag{C.2.2}$$

を計算することになる．計算上 n 番目の時刻を t_n として，次のように書いてみよう．

公式 C. 1（差分法による微分：1 次精度）

点 t_n における微分値 $f'(t_n)$ は，その点の関数値 $f(t_n)$ と隣の点 $t_{n+1} = t_n + \Delta t$ との関数値 $f(t_{n+1})$ の差から

$$f'(t_n) \simeq \frac{f(t_{n+1}) - f(t_n)}{\Delta t} \tag{C.2.3}$$

と近似できる．

$\Delta t = 0.1$ よりは，$\Delta t = 0.01$，あるいは $\Delta t = 0.001$ の方が $\Delta t \to 0$ に近くなるので，原理的には Δt をできるだけ小さくすればよい．ただし，小さくすればするほど全体の点の個数 n も増え，計算時間も増えるし，丸め誤差もたまる．自分の得たい結果に対して不必要な精度まで計算することになるだろうから，どこかで適正な精度が出ることを確かめるステップが必要である．

なお，図 C.2.1 から推測できるように，$x(t_n)$ での微分値を計算する際には，両隣の点 $x(t_{n-1})$

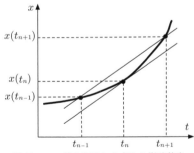

図 C. 2. 1 差分化された点から微分値を求める．

と $x(t_{n+1})$ を用いる方が精度がよくなる．導出には第 1 巻で紹介したテイラー展開を使う ▶第 1 巻付録 A.5 ．2 次の項までのテイラー展開を用いて表すと，

$$f(t_{n+1}) \simeq f(t_n) + f'(t_n)\,\Delta t + \frac{1}{2}f''(t_n)\,(\Delta t)^2 \tag{C.2.4}$$

$$f(t_{n-1}) \simeq f(t_n) - f'(t_n)\,\Delta t + \frac{1}{2}f''(t_n)\,(\Delta t)^2 \tag{C.2.5}$$

である．この 2 式を $f'(t_n)$ と $f''(t_n)$ について解くと，次が得られる．

公式 C.2（差分法による微分：2 次精度）

　点 t_n における微分値 $f'(t_n)$ と $f''(t_n)$ は，その点の関数値 $f(t_n)$ と両隣の点 $t_{t\pm1} = t_n \pm \varDelta t$ との関数値 $f(t_{n\pm1})$ を用いて，

$$f'(t_n) \simeq \frac{f(t_{n+1}) - f(t_{n-1})}{2\varDelta x} \tag{C.2.6}$$

$$f''(t_n) \simeq \frac{f(t_{n+1}) + f(t_{n-1}) - 2f(t_n)}{(\varDelta t)^2} \tag{C.2.7}$$

と近似できる.

上記の式は $(\varDelta t)^2$ の項までは正しく取り込まれているので，2 次精度の差分という.

■ 積分の操作　　　　　　　　　　　　　　　　　　　　　　　　★☆☆

　数値的に積分する方法は，基本的には区分求積法である．関数 $f = f(t)$ を，$t = 0$ から $t = 1$ まで積分することは，数学的には関数を短冊状に区切り，その和をとることである．いま，短冊の横幅を $\varDelta t$ とするならば，

$$\int_0^1 f(t)\,dt = \lim_{n\to\infty} \sum_{k=1}^n f(t_k)\varDelta t \tag{C.2.8}$$

である.

オイラー法

　最も簡単なプログラミング法は，面積を長方形に区切って足していく方法（オイラー法）である．短冊分けを忠実に計算していく方法であり，横軸の値が $t_k \leqq t \leqq t_{k+1}$ のときに，縦軸の値を $f(t_k)$ で与えるのか，$f(t_{k+1})$ で与えるのかで，総和の値は若干違ってくる．例えば，$f(t) = t^2$ のような増加関数の場合，図 C.2.2 から明らかに

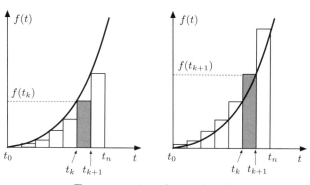

図 C.2.2　オイラー法による積分計算

$$\sum_{k=0}^{n-1} f(t_k)(t_{k+1} - t_k) < S < \sum_{k=0}^{n-1} f(t_{k+1})(t_{k+1} - t_k)$$

であり，本来の面積 S は両者の中間にあるはずだ．

　定積分の定義をするときのように，n を無限に大きくとれば，誤差は小さくなるのだが，プログラムを組んで数値計算をするときには，無限をとることはできずどうしても誤差が生じてしまう．そこで，よく使われるのが台形公式である．

台形公式

　これはその名の通り，$f(t)$ の下の部分の短冊を台形で分割してゆく方法である．すなわち，図 C.2.3 の色をつけた部分のように関数上の点 $(t_k, f(t_k))$ と $(t_{k+1}, f(t_{k+1}))$ および t 軸上の 2 点を結んで台形で面積を近似して足し合わせる方法である（図 C.2.3）．$y_k = f(t_k)$ とすると，

$$\int_{t_k}^{t_{k+1}} f(t)\,dt \simeq 台形の面積 = \frac{1}{2}(y_k + y_{k+1})(t_{k+1} - t_k)$$

となるから，区間 $t = t_0$ から t_n までの総和は，

$$\int_{t_0}^{t_n} f(t)\,dt \simeq \sum_{k=0}^{n-1} \frac{1}{2}(y_k + y_{k+1})(t_{k+1} - t_k) \tag{C.2.9}$$

$$= \frac{t_n - t_0}{2n}\left\{ y_0 + 2(y_1 + y_2 + \cdots + y_{n-1}) + y_n \right\} \tag{C.2.10}$$

となる．ただし，横方向は等間隔に n 等分したものと仮定した．これをプログラムして得られる結果は，当然ながら，長方形で行う場合の上限値と下限値の間になる．

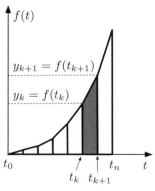

図 C.2.3　台形公式

C.3 微分方程式を解くプログラム

■ 運動方程式の積分　　　　　　　　　　　　　　　　　　　　　　★☆☆

いよいよ関数 $x(t)$ に対する微分方程式

$$\frac{dx}{dt} = F(x, t) \tag{C.3.1}$$

の数値解法を考えてみよう．今後の一般的な議論のために右辺は $F(x, t)$ としたが，x は t の関数としているので，実質 $F(t)$ と思ってもよい．

　解 $x(t)$ を求めるということは，初期値 $t(t_0)$ を与え，この式を $t = t_0$ から t まで積分して，

$$x(t) = x(t_0) + \int_{t_0}^{t} F(x, t)\, dt \tag{C.3.2}$$

を求めることだ．数値的に扱うには，t 軸の値が Δt ごとの差分化された点 t_n にあるとして，(t_n, x_n) の値から次の $t_{n+1}(= t_n + \Delta t)$ での関数値 F_{n+1} を求めるステップ

$$x_{n+1} = x_n + \int_{t_n}^{t_n + \Delta t} F(x, t)\, dt \tag{C.3.3}$$

を各点ごとに繰り返しながら進むことになる．前節で説明したオイラー法を使うと，次のようになる．

公式 C.3（前進オイラー法）

　微分方程式 (C.3.1) と初期値 (t_0, x_0) が与えられたとする．t 軸方向の増加を間隔 Δt ごとに考えるとき，点 (t_n, x_n) から次の点 $(t_{n+1} = t_n + \Delta t)$ での関数値 x_{n+1} を求める計算が

$$x_{n+1} = x_n + \Delta t\, F(x_n, t_n) \tag{C.3.4}$$

と考えられるので，この式を繰り返し用いて x を求める．

　差分法で Δt をどのような大きさにするかはいつも悩ましい問題である．単純に Δt をゼロに近づければ精度が上がると思われがちだが，計算時間はかかり，無駄な精度で計算することにもなりかねない．逆に演算回数の増加により誤差が拡大するおそれもある．通常は，ある程度 Δt を小さくして，計算結果の「収束性」を確かめながら，必要となる計算の精度に合致するように，Δt の大きさを確定する．

■ 運動方程式の積分　　　　　　　　　　　　　　　　　　　　　　★☆☆

ニュートンの運動方程式は，位置 $x(t)$ についての 2 階の微分方程式

$$m\frac{d^2 x}{dt^2} = F(x) \tag{C.3.5}$$

である．$x(t)$ を求めるには積分を 2 回する必要がある．ところが，オイラー法や台形法に

よる数値積分では，1階の微分方程式を解くことしかできない．そこで，式 (C.3.5) を連立する 2 本の微分方程式

$$\frac{dv}{dt} = \frac{F(x)}{m} \tag{C.3.6}$$

$$\frac{dx}{dt} = v \tag{C.3.7}$$

として，$(x(t), v(t))$ の組を同時に解いていくことになる．

■ より精度の高い方法

　長時間のシミュレーションを行うと，オイラー法や台形公式では，精度が不足することを実感するだろう．数値計算法の歴史は古く，いろいろな手法が開発されている．筆者の個人的な経験からすれば，大学の卒業研究レベルでは，常微分方程式ならば，（4 次精度の）ルンゲ・クッタ法で十分である．大学院あるいは研究レベルでは，フェールベルグ法（5 次精度のルンゲ・クッタ法）[1]や予測子・修正子法などまで習得するとよいだろう．

　なお，偏微分方程式の数値的手法は，まったく別の方法になる．興味ある読者は，その手の本を探す必要がある [2]．

◗ Coffee Break 15（プログラム言語）

　プログラムを組んだことのない人にとって，どのプログラム言語から始めるべきかは悩ましい問題だ．本書では，C, Fortran, Python の例を示した．このうち C と Fortran の 2 つは科学者が慣れ親しんだプログラム言語である．歴史も古く，スーパーコンピュータで使われているものである．2 つのプログラムを見比べてもらえば，どちらも同じような構造のプログラムになっていることがわかるだろう．

　Fortran はもう古いという人も多いが，行列演算や複素数計算がはじめからでき，並列計算にも容易に移行できる点から，まだ現役の言語である．C はハードウェアに直結した言語なので，動作が軽く，メモリの確保や解放もトラブルが少ない．Python は，ほかの言語で書かれたプログラムを呼び出す使い方もできる．コンパイルを行わない Python では若干計算速度が遅くなるが，多くのパッケージが用意されているので，プログラムが不得手でも，なんとなく結果が出すことができてしまう．

　プログラミングで重要なのは，自分で隅から隅までプログラムを理解して使うことだ．なにかおかしな結果が出たとき，人のプログラムをデバッグするのは骨が折れる．ウェブのどこかからダウンロードしたプログラムを使うよりも，自分で書いたプログラムの方が確実にデバッグは楽だ．結局，どの言語を使っても同じである．

---

[1] 簡単な解説を含めて，フェールベルグ法までは，次の書にまとめてある．真貝寿明著『徹底攻略 常微分方程式』（共立出版，2010）
[2] 例えば，数値的手法を比較しながら紹介する本として次を勧める．William H. Press ほか著，丹慶勝市ほか翻訳『ニューメリカルレシピ・イン・シー 日本語版—C 言語による数値計算のレシピ』（技術評論社，1993）

C.4　単振動のプログラム例

例として，単振動を表す運動方程式 ▶第 1 巻 1.6 節

$$\frac{d^2x}{dt^2} = -k^2 x$$

で初期値 $x(0) = x_0$, $v(0) = 0$ を用意して解くプログラムを C 言語，Fortran 言語，Python 言語の 3 つで例示しておく．

この微分方程式の解析解は，

$$x = x_0 \cos(kt)$$

であることはわかっているので，数値解と解析解の両方を出力して両者が一致することを確かめるプログラムである．前進オイラー法を用いた最も簡単なものだ．

1.　C で書いたプログラム

```
 1  // Solve 2nd order differential equation using Euler method
 2  // C
 3  // compile as ::   gcc -lm -o EoM.exe EoM.c
 4  // execute as ::    ./EoM.exe
 5  // output files :: output.analytic      t   x
 6  //                 output.numerical     t   x   v
 7  #include <stdio.h>
 8  #include <math.h>
 9  //
10  #define X0 1.0        /* Initial Value  x(0) */
11  #define V0 0.0        /* Initial Value  v(0) */
12  #define T0 0.0        /* starting time t0 */
13  #define TMAX 10.0     /* ending time tmax */
14  #define OUTPUTSTEP 10 /* output data every xx steps */
15  // ----------------------------------------------------------
16  // equation of motion
17  //      dvdt = right-hand side of the 2nd order DE
18  double dvdt(double x){
19      double f =  -4.0 * x;
20      return f;
21  }
22  // ----------------------------------------------------------
23  // analytic solution
24  double sol(double t){
25      double solution = X0 * cos(2.0 * t);
26      return solution;
27  }
28  // ----------------------------------------------------------
29  int main(void)
```

```
{
  char filename1[] = "output.numerical";
  char filename2[] = "output.analytic";
  FILE *fp1, *fp2;
  double dt=0.01; // delta t
  double t,x,dxdt;
  int icount=0;
  // open files
  fp1 = fopen(filename1, "w");
  fp2 = fopen(filename2, "w");
  // initial set up
  t = T0;
  x = X0;
  dxdt = V0;
    printf("dt= %8.4f \n",dt);
    printf("     t        numerical      analytic       diff \n");
  // t-loop
  while(t < TMAX){
    // check accuracy and output
      if(icount % OUTPUTSTEP == 0){
        // output
        printf("%10.3f %11.5f %11.5f %12.8f \n", t,x,sol(t),x-sol(t));
        fprintf(fp1,"%12.5f %12.5f %12.5f\n", t,x,dxdt);
        fprintf(fp2,"%12.5f %12.5f\n", t,sol(t));
      }
      icount += 1;
    // Forward Difference
    dxdt += dt * dvdt(x);
    x    += dt * dxdt   ;
    // next t
    t += dt;
  } // end of t-loop
  // close files
  fclose(fp1);
  fclose(fp2);
}
```

プログラムを実行すると，2 つのファイル output.analytic（解析解のデータ）と output.numerical（数値解のデータ）が出力される．dt を小さく設定することで両者が一致していくことを確認できるだろう．

グラフにして描画するには，グラフ専用のアプリケーションを用いるとよい．例えば，gnuplot を用いるなら，

```
plot "output.analytic" with lines, "output.numerical"
```

などとすればよい．結果を図 C.4.1 に示す．

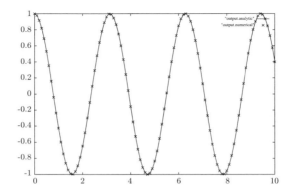

図 C.4.1　プログラムの出力結果 $x(t)$ をグラフにしたもの.
×印は数値解, 実線は解析解を示す. $\mathrm{dt}=0.01$
として前進オイラー法で計算. 出力は 10 点に 1
回としている.

2.　Fortran で書いたプログラム

C 言語とまったく同じように出力するプログラムである.

```fortran
c Solve 2nd order differential equation using Euler method
c Fortran
c compile as ::   g90 -o EoM.exe EoM.f
c execute as ::   ./EoM.exe
c output files ::  output.analytic     t   x
c                  output.numerical    t   x   v
      program EoM
      implicit none
        integer :: i,iend,outputstep
        real(8) :: t0,tmax,dt,t
        real(8) :: x0,x,v0,dxdt
        real(8), external :: dvdt, sol
c set parameters
      x0=1.0          ! initial value x(0)
      v0=0.0          ! initial value v(0)
      t0=0.0          ! starting time
      tmax=10.0       ! ending time
      dt=0.01         ! delta t
      outputstep = 10 ! output data every xx steps
c open files
      open(11,FILE='output.numerical',STATUS='unknown')
      open(12,FILE='output.analytic',STATUS='unknown')
c initial set up
      t=t0
      iend=int(tmax/dt)+1
```

```fortran
      x=x0
      dxdt=v0
      write(*,'(a)') '     t        numerical      analytic       diff'
c t-loop
      do i=1,iend
        !   check accuracy and output
        if(mod(i,outputstep).eq.1) then
          write(*,'(4f11.5)') t,x,sol(x0,t),x-sol(x0,t)
          write(11,'(3f12.5)') t,x,dxdt
          write(12,'(2f12.5)') t,sol(x0,t)
        end if
        ! forward difference
        dxdt   = dxdt + dt * dvdt(x)
        x      = x    + dt * dxdt
        ! next t
        t=t+dt
      end do
c close files
        close(11)
        close(12)
      end program EoM
c------------------------------------------------------------------
c equation of motion  = right-hand side of the 2nd order DE
      function dvdt(x)
        implicit none
        real(8) :: dvdt, x
        dvdt = -4.0 * x
        return
      end function dvdt
c------------------------------------------------------------------
c analytic solution
      function sol(x0,t)
        implicit none
        real(8) :: sol, x0, t
        sol = x0 * cos (2.0 * t)
        return
      end function sol
```

グラフ化する手順も C 言語のときと同じである.

3. Python で書いたプログラム

Python にはグラフ化するツールも備わっている. まずは, オイラー法で計算した結果をリスト t_plot[], x_plot[], a_plot[] に格納する.

```python
# Solve 2nd order differential equation using Euler method
# Python 3 version
import math
```

```python
 4  import numpy as np
 5  #   equation of motion
 6  def dvdt(t,x):
 7      return -4.0*x
 8  #   analytic solution
 9  def sol(t,x0):
10      return x0 * math.cos (2.0 * t)
11  # set parameters
12  t0   =0.0         # starting time
13  tmax =10.0        # ending time
14  dt   =0.01        # delta t
15  nend =int(tmax/dt)+1
16  outputstep = 10 # output data every xx steps
17  # data for plotting graph
18  i=0
19  iend=int(tmax/dt/outputstep)+1
20  t_plot = np.zeros(iend)
21  x_plot = np.zeros(iend)
22  a_plot = np.zeros(iend)
23  #
24  x0=1.0   # initial value x(0)
25  v0=0.0   # initial value v(0)
26  # initial set up
27  t=t0
28  x=x0
29  dxdt=v0
30  t_plot[i] = t
31  x_plot[i] = x
32  a_plot[i] = sol(t,x0)
33  # first line of the data
34  print('{:^12}{:^12}{:^12}{:^12}'.format('i    t',
35                          'numerical','analytic','diff'))
36  print(f'{i:4d}{t:6.2f}{x:12.5f}{sol(t,x0):12.5f}{x-sol(t,x0):12.5f}')
37  # t-loop
38  for n in range(1, nend):
39  #    forward difference
40      dxdt = dxdt + dt * dvdt(t,x)
41      x    = x    + dt * dxdt
42  #    next t
43      t = t + dt
44      if np.mod(n,outputstep) == 0:
45          i=i+1
46          t_plot[i] = t
47          x_plot[i] = x
48          a_plot[i] = sol(t,x0)
49          diff = x - sol(t,x0)
50          print(f'{i:4d}{t:6.2f}{x:12.5f}{sol(t,x0):12.5f}{diff:12.5f}')
```

上記のプログラムで得られた t_plot[]，x_plot[]，a_plot[] をグラフにする（図 C. 4. 2）.

```
import matplotlib.pyplot as plt
fig=plt.subplots(figsize=(8,6))
plt.plot(t_plot, x_plot,'.', c='k',label='numerical',markersize=6)
plt.plot(t_plot, a_plot, c='r',label='analytic')
plt.xlabel('t')
plt.ylabel('x')
plt.grid()
plt.legend(loc='lower right')
```

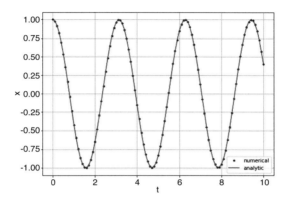

図 **C. 4. 2**　プログラムの出力結果 $x(t)$ をグラフにしたもの. ・印は数値解，実線は解析解を示す. $dt = 0.01$ として前進オイラー法で計算. 出力は 10 点に 1 回としている.

発展的な参考文献

　本書は入試問題の形式を踏まえているが，私たちは問題を解くことをゴールとせず，物理的思考を広げる楽しみを読者の方と共有したいと考えて執筆した．その意図を読み取っていただけたなら，あなたにとってもう物理は怖くない科目となったはずだ．

以下，参考図書を掲示してあとがきに代えたい．

より一層，この路線を進みたい読者には次の書がよいだろう．
- 『楽しめる物理問題 200 選』P. Gnädig, G. Honyek, K. F. Riley 著，近重悠一，伊藤郁夫，加藤正昭訳，朝倉書店，2003 年
- 『もっと楽しめる物理問題 200 選 Part1—力と運動の 100 問』P. Gnädig, G. Honyek, M. Vigh 著，K. F. Riley 編，伊藤郁夫監訳，赤間啓一，小川建吾，近重悠一，和田純夫訳，朝倉書店，2020 年
- 『もっと楽しめる物理問題 200 選 Part2—熱・光・電磁気の 100 問』P. Gnädig, G. Honyek, M. Vigh 著，K. F. Riley 編，伊藤郁夫監訳，赤間啓一，小川建吾，近重悠一，和田純夫訳，朝倉書店，2020 年
- 『オリンピック問題で学ぶ世界水準の物理入門』物理チャレンジ・オリンピック日本委員会編著，丸善出版，2010 年
- 『物理チャレンジ独習ガイド—力学・電磁気学・現代物理学の基礎力を養う 94 題』特定非営利活動法人 物理オリンピック日本委員会編，杉山忠男著，丸善出版，2016 年
- 『難問・奇問で語る 世界の物理—オックスフォード大学教授による最高水準の大学入試面接問題傑作選』特定非営利活動法人 物理オリンピック日本委員会訳，丸善出版，2016 年
- 『《ノーベル賞への第一歩》物理論文国際コンテスト—日本の高校生たちの挑戦』江沢洋監修，上條隆志，松本節夫，吉埜和雄編，日本評論社，2013 年

数学的な解法やモデル化に興味をもった読者には次の書を薦めたい．
- 『徹底攻略 常微分方程式』真貝寿明著，共立出版，2010 年
- 『微分方程式で数学モデルを作ろう』デヴィッド・バージェス，モラグ・ボリー著，垣田高夫，大町比佐栄訳，日本評論社，1990 年
- 『自然の数理と社会の数理 I』佐藤總夫著，日本評論社，1984 年
- 『自然の数理と社会の数理 II』佐藤總夫著，日本評論社，1987 年
- 『力学的振動の数学モデル』リチャード・ハーバーマン著，竹之内脩監修，熊原啓作訳，現代数学社，1981 年
- 『個体群成長の数学モデル』リチャード・ハーバーマン著，竹之内脩監修，稲垣宣生訳，現代数学社，1981 年
- 『交通流の数学モデル』リチャード・ハーバーマン著，竹之内脩監修，中井暉久訳，現代数学社，1981 年

もう少し体系的に物理を学んでみたい読者には次のシリーズはいかがだろうか．
- 『ファインマン物理学 I〜V』R. P. ファインマン，R. B. レイトン，M. サンズ著，坪井忠二ほか訳，岩波書店，1967 年
- 『ファインマン物理学問題集 1, 2』R. P. ファインマン，R. B. レイトン，M. サンズ著，河辺哲次訳，岩波書店，2017 年

- "Modern Classical Physics" K. S. Thorne, R. D. Blandford, Princeton University Press, 2017

　最後になるが，本書の出版への道筋を開いてくださった朝倉書店編集部の方々へのお礼を記しておきたい．原稿の数値ミスをご指摘いただくなど細部までの校正に感謝いたします．各章扉の物理学者・数学者の似顔絵は著者鳥居の拙女，利帆によるものである．

著 者 一 同

索　引

著者紹介

真貝 寿明 (しんかい ひさあき)
大阪工業大学 情報科学部 教授.
1995 年早稲田大学大学院修了. 博士（理学）.
早稲田大学理工学部助手，ワシントン大学（米国セントルイス）博士研究員，ペンシルバニア州立大学客員研究員（日本学術振興会海外特別研究員），理化学研究所基礎科学特別研究員などを経て，現職.
著書：『日常の「なぜ」に答える物理学』（森北出版），『徹底攻略 微分積分』『徹底攻略 常微分方程式』『徹底攻略 確率統計』『現代物理学が描く宇宙論』（共立出版），『図解雑学 タイムマシンと時空の科学』（ナツメ社），『ブラックホール・膨張宇宙・重力波』（光文社），『宇宙検閲官仮説』（講談社）
著書（共著）：『相対論と宇宙の事典』（朝倉書店），『すべての人の天文学』（日本評論社）
訳書（共訳）：『演習 相対性理論・重力理論』（森北出版），『宇宙のつくり方』（丸善出版）

林 正人 (はやし まさひと)
大阪工業大学 工学部 教授.
1987 年京都大学大学院修了. 理学博士.
カールスルーエ大学（ドイツ）客員研究員，京都大学基礎物理学研究所研究員（日本学術振興会特別研究員），トリエステ国際理論物理学研究センター（イタリア）客員研究員，基礎物理学研究所非常勤講師などを経て，現職.
著書（共著）：『力学』『力学問題集』（学術図書出版社）

鳥居 隆 (とりい たかし)
大阪工業大学 ロボティクス＆デザイン工学部 教授.
1996 年早稲田大学大学院修了. 博士（理学）.
東京工業大学客員研究員（日本学術振興会特別研究員），東京大学ビッグバン宇宙国際研究センター機関研究員，ニューカッスル・アポン・タイン大学客員研究員，早稲田大学理工学総合研究所講師などを経て，現職.
著書（共著）：『相対論と宇宙の事典』（朝倉書店），『力学』『力学問題集』（学術図書出版社）
訳書（共訳）：『演習 相対性理論・重力理論』（森北出版），『宇宙のつくり方』（丸善出版）

一歩進んだ物理の理解 3
 ―原子・相対性理論―

定価はカバーに表示

2023 年 11 月 1 日　初版第 1 刷

著　者	真	貝	寿		明
	林		正		人
	鳥	居			隆
発行者	朝	倉	誠		造
発行所	株式 会社	朝	倉	書	店

東京都新宿区新小川町 6-29
郵 便 番 号　162-8707
電　話　03(3260)0141
Ｆ Ａ Ｘ　03(3260)0180
https://www.asakura.co.jp

〈検印省略〉

© 2023 〈無断複写・転載を禁ず〉

シナノ印刷・渡辺製本

ISBN 978-4-254-13823-8　C 3342

Printed in Japan

〈国際化学オリンピックに挑戦！〉1 **国際化学オリンピックに挑戦！ 1**
─基礎─

国際化学オリンピック OBOG 会 (編)

A5 判／160 頁　978-4-254-14681-3 C3343　定価 2,860 円（本体 2,600 円＋税）

大会のしくみや世界標準の化学と日本の教育課程との違い，実際に出題された問題を解くにあたって必要な基礎知識を解説。〔内容〕参加者の仕事／出題範囲／日本の指導要領との対比／実際の問題に挑戦するために必要な化学の知識／他

〈国際化学オリンピックに挑戦！〉2 **国際化学オリンピックに挑戦！ 2**
─無機化学・分析化学─

国際化学オリンピック OBOG 会 (編)

A5 判／160 頁　978-4-254-14682-0 C3343　定価 2,860 円（本体 2,600 円＋税）

実際の大会で出題された問題を例に，世界標準の無機化学を高校生に向け解説。〔内容〕物質の構造（原子，分子，結晶）／無機化合物の反応（酸化と還元，組成計算，錯体他）／物質の量の分析 (酸解離平衡，滴定，吸光分析他)／総合問題

〈国際化学オリンピックに挑戦！〉3 **国際化学オリンピックに挑戦！ 3**
─物理化学─

国際化学オリンピック OBOG 会 (編)

A5 判／160 頁　978-4-254-14683-7 C3343　定価 2,860 円（本体 2,600 円＋税）

実際の大会で出題された問題を例に，世界標準の物理化学を高校生に向け解説。〔内容〕熱力学（エントロピー，ギブス自由エネルギー他）／反応速度論（活性化エネルギー，半減期他）／量子化学（シュレディンガー方程式他）／総合問題

〈国際化学オリンピックに挑戦！〉4 **国際化学オリンピックに挑戦！ 4**
─有機化学─

国際化学オリンピック OBOG 会 (編)

A5 判／168 頁　978-4-254-14684-4 C3343　定価 2,860 円（本体 2,600 円＋税）

実際の大会で出題された問題を例に世界標準の有機化学を高校生に向け解説。〔内容〕有機化学とは／有機化合物（構造式の描き方，官能基，立体化学他）／有機反応（置換，付加，脱離他）／構造解析（IR，NMR スペクトル）／総合問題

〈国際化学オリンピックに挑戦！〉5 **国際化学オリンピックに挑戦！ 5**
─実験─

国際化学オリンピック OBOG 会 (編)

A5 判／192 頁　978-4-254-14685-1 C3343　定価 2,860 円（本体 2,600 円＋税）

総合問題を解説するほか，本大会の実験試験を例に，実践に生かせるスキルを紹介。〔内容〕総合問題（生化学，高分子）／実験試験の概要（試験の流れ，計画の立て方他）／実際の試験（定性分析，合成分離，滴定他）／ OBOG からのメッセージ

チャレンジ！ 生物学オリンピック 1 ―細胞生物学・分子生物学―

国際生物学オリンピック日本委員会・野口 立彦 (監修) ／岩間 亮・加藤 明・笹川 昇・中島 春紫 (編集)

A5 判／184 頁　978-4-254-17516-5　C3345　定価 2,970 円（本体 2,700 円＋税）

国際生物学オリンピック，日本生物学オリンピックで出題された問題を例に，細胞生物学・分子生物学を丁寧に解説。世界標準の知識と問題の解き方・考え方を身につけ，高い実践力を養う。〔内容〕生体分子の化学／細胞構造と機能／代謝／細胞分裂／DNA 構造／転写／翻訳／クローニング技術／塩基配列決定法と PCR ／実験問題／他

チャレンジ！ 生物学オリンピック 2 ―植物解剖学・生理学―

国際生物学オリンピック日本委員会・澤 進一郎 (監修) ／大塚 祐太・澤 進一郎・杉山 宗隆 (著)

A5 判／120 頁　978-4-254-17517-2　C3345　定価 2,970 円（本体 2,700 円＋税）

国際生物学オリンピック，日本生物学オリンピックで出題された問題を例に，植物解剖学・生理学を丁寧に解説。世界標準の知識と問題の解き方・考え方を身につけ，高い実践力を養う〔内容〕植物の基本体制・生殖・初期発生・器官形成／無機栄養／有機物の長距離輸送／環境要因の感知／種子の休眠・発芽／老化／ストレス応答／実験問題／他

チャレンジ！ 生物学オリンピック 3 ―動物解剖学・生理学―

国際生物学オリンピック日本委員会・八杉 貞雄 (監修) ／奥野 誠・八杉 貞雄 (著)

A5 判／152 頁　978-4-254-17518-9　C3345　定価 2,970 円（本体 2,700 円＋税）

国際生物学オリンピック，日本生物学オリンピックで出題された問題を例に，動物解剖学・生理学を丁寧に解説。世界標準の知識と問題の解き方・考え方を身につけ，高い実践力を養う。〔内容〕動物の栄養／循環とガス交換／ホルモンと内分泌系／神経系／感覚器／動物の生殖／無脊椎動物の発生／脊索動物の発生／実験問題／他

チャレンジ！ 生物学オリンピック 4 ―遺伝学・生物進化・系統学―

国際生物学オリンピック日本委員会・和田 洋 (監修) ／鈴木 大地・二階堂 雅人・森長 真一 (編集)

A5 判／144 頁　978-4-254-17519-6　C3345　定価 2,970 円（本体 2,700 円＋税）

国際生物学オリンピック，日本生物学オリンピックで出題された問題を例に，遺伝学・生物進化・系統学を丁寧に解説。世界標準の知識と問題の解き方・考え方を身につけ，高い実践力を養う。〔内容〕遺伝／進化／自然選択／分子進化／系統推定／分岐年代推定／形質進化／オミクス／実験問題（一部 PC を使った演習問題あり）／他

チャレンジ！ 生物学オリンピック 5 ―行動学・生態学―

国際生物学オリンピック日本委員会・宮下 直 (監修) ／沓掛 展之・瀧本 岳・森 章・野口 立彦 (編集)

A5 判／160 頁　978-4-254-17520-2　C3345　定価 2,970 円（本体 2,700 円＋税）

国際生物学オリンピック，日本生物学オリンピックで出題された問題を例に，行動学・生態学を丁寧に解説。世界標準の知識と問題の解き方・考え方を身につけ，高い実践力を養う。〔内容〕動物行動学／自然選択／個体群／群集／種多様性／生態系生態学／保全・応用／実験問題（個体群動態モデルほか）／大会概要／他

もっと楽しめる 物理問題 200 選 PartI ―力と運動の 100 問―

P. グナディグ (著) ／伊藤 郁夫 (監訳) ／赤間 啓一・近重 悠一・小川 建吾
和田 純夫 (訳)

A5 判／244 頁　978-4-254-13130-7　C3042　定価 3,960 円（本体 3,600 円＋税）

好評の『楽しめる物理問題 200 選』に続編登場！ 日常的な物理現象から SF 的な架空の設定まで，国際物理オリンピックレベルの良問に挑戦。1 巻は力学分野中心の 100 問。熱・電磁気中心の 2 巻も同時刊行。

もっと楽しめる 物理問題 200 選 PartII ―熱・光・電磁気の 100 問―

P. グナディグ (著) ／伊藤 郁夫 (監訳) ／赤間 啓一・近重 悠一・小川 建吾
和田 純夫 (訳)

A5 判／240 頁　978-4-254-13131-4　C3042　定価 3,960 円（本体 3,600 円＋税）

好評の『楽しめる物理問題 200 選』に続編登場！ 2 巻では熱・電磁気分野を中心とする 100 の良問を揃える。日常の不思議から仮想空間まで，物理学を駆使した謎解きに挑戦。力学分野中心の 1 巻も同時刊行。

秘伝の微積物理

青山 均 (著)

A5 判／192 頁　978-4-254-13126-0　C3042　定価 2,420 円（本体 2,200 円＋税）

大学の物理学でつまずきやすいポイントを丁寧に解説。〔内容〕位置・速度・加速度／ベクトルによる運動の表し方／運動方程式／力学的エネルギー保存則／ガウスの法則／電場と電位の関係／アンペールの法則／電磁誘導／交流／数学のてびき

惑星探査とやさしい微積分 I ―宇宙科学の発展と数学の準備―

A.J. Hahn(著) ／狩野 覚・春日 隆 (訳)

A5 判／248 頁　978-4-254-15023-0　C3044　定価 4,290 円（本体 3,900 円＋税）

AJ Hahn: Basic Calculus of Planetary Orbits and Interplanetary Flight: The Missions of Voyagers, Cassini, and Juno (2020) を 2 分冊で邦訳。I 巻では惑星軌道の理解と探査の歴史，数学的基礎を学ぶ。

惑星探査とやさしい微積分 II ―重力による運動・探査機の軌道―

A.J. Hahn(著) ／狩野 覚・春日 隆 (訳)

A5 判／200 頁　978-4-254-15024-7　C3044　定価 3,850 円（本体 3,500 円＋税）

歴史と数学的基礎を解説した I 巻につづき，楕円軌道と双曲線軌道の運動の理論に注目。惑星運動に関する理解を深め，Voyager, Cassini などによる惑星探査ミッションにおいて宇宙機の軌道，ターゲット天体へ誘導する複雑な局面を論じる。